Python

网络爬虫与数据分析

马国俊 著

从入门到实践

清华大学出版社

北京

内 容 简 介

本书从初学者的视角出发，以案例实操为核心，系统地介绍网络爬虫的原理、工具使用与爬取技术，并详细讲解数据分析的各种技巧。本书主要内容包括：Python基础语法，数据分析工具NumPy、Pandas、Matplotlib的使用，网络爬虫库Urllib、BeautifulSoup、Scrapy，正则表达式在网络爬虫中的应用，数据预处理与数据分析方法、中文文本处理、文本向量化技术，以及机器学习算法在数据分析中的应用。书中还给出了大量案例和项目，可以帮助读者快速上手，提高实用技能。

本书内容丰富，注重实操，适用于网络爬虫岗位、数据分析岗位的初级工程师和各类工程技术人员，还可作为高校经济、管理、人文社科、大数据等专业的教学用书。

图书在版编目（CIP）数据

Python 网络爬虫与数据分析从入门到实践/马国俊著. —北京：清华大学出版社，2023.3（2024.1重印）
ISBN 978-7-302-62781-4

I. ①P… II. ①马… III. ①软件工具—程序设计 IV. ①TP311.561

中国国家版本馆 CIP 数据核字（2023）第 032656 号

责任编辑：王金柱
封面设计：王 翔
责任校对：闫秀华
责任印制：沈 露
出版发行：清华大学出版社
　　　　网　　　址：https://www.tup.com.cn, https://www.wqxuetang.com
　　　　地　　　址：北京清华大学学研大厦 A 座　　　　邮　　编：100084
　　　　社 总 机：010-83470000　　　　　　　　　　邮　　购：010-62786544
　　　　投稿与读者服务：010-62776969, c-service@tup.tsinghua.edu.cn
　　　　质 量 反 馈：010-62772015, zhiliang@tup.tsinghua.edu.cn
印 装 者：三河市人民印务有限公司
经　　销：全国新华书店
开　　本：190mm×260mm　　　　印　　张：15　　　　字　　数：404 千字
版　　次：2023 年 4 月第 1 版　　　　　　　　　印　　次：2024 年 1 月第 2 次印刷
定　　价：79.80 元

产品编号：100539-01

前　　言

在大数据时代，数据已成为一个公司的核心竞争力。采集数据并对数据进行分析以获得有价值的信息，已成为现代企业生产和战略决策的重要组成部分。

随着互联网的发展壮大，网络数据呈爆炸式增长，传统搜索引擎已经不能满足人们获取数据的需求，网络爬虫技术和网络爬虫工程师岗位应运而生。借助网络爬虫从互联网上采集数据已成为现代企业和研究人员在生产和研究中的重要内容。

然而，通过爬虫直接从互联网上获取的数据往往并不能满足用户的需求，这时候就需要对这些数据进行整理分析，这正是数据分析人员工作的价值所在。

采集或获取数据、整理和分析数据、进行数据的可视化，是数据处理的一个完整的流程，其中涉及的知识点很多，也有大量成熟的工具及其操作技巧需要我们去了解和掌握。对于初学者来说，沿着一条有效的路线学习才能事半功倍。

本书旨在帮助初学者学习和掌握网络爬虫和数据分析技术，提供一个实用的操作指南，从而让有梦想成为数据分析工程师的人员通过本书的学习达成所愿。

主要内容

本书共 13 章，各章内容概述如下：

第 1 章介绍 Python 基础语法，世界上 80% 的网络爬虫都是基于 Python 开发的，对于未接触过编程语言的读者，Python 更易于上手，是首选的编程语言。

第 2~4 章，介绍 Python 的 3 个数据分析工具，包括 NumPy、Pandas、Matplotlib，这 3 个工具在 Python 当今的数据分析中应用十分广泛，已成为数据分析人员的必备技能。

第 5 章和第 6 章介绍网络爬虫的原理和常用工具的使用，包括 Urllib 库、BeautifulSoup 库、正则表达式和 Scrapy 在网络爬虫中的应用，通过这两章的学习，读者可以轻松地编写一个复杂的网络爬虫。

第 7 章介绍 Python 数据预处理与数据分析方法，包括基于 Python 的数据预处理、Python 与MySQL 数据库的交互、描述性统计、概率分析方法与推断统计、基于时间序列的统计方法等内容。

第 8 章和第 9 章介绍中文数据的处理技巧，包括中文文本处理概述、基于结巴库的文本处理、引入自定义信息、基于 NLTK 库的文本处理以及基于 Gensim 的文本向量化分析等内容。

第 10 章介绍基于机器学习的分析方法，包括线性回归、岭回归、Lasso 回归、SVM、KNN、基于手写体数字识别的分类范例等内容。

第 11 章和第 12 章通过两个较为完整的项目案例介绍从爬虫到数据分析的全流程，旨在使读者将所学的技能应用在实际工作中。

第 13 章介绍通过电子邮件发送数据分析结果的技巧。

本书特点

本书是甘肃省自然科学基金项目：大数据中用于个性化推荐的信息传播算法研究（项目编号：21JR11RA056）的研究成果之一，具有以下特点：

- **涉及内容广泛**：本书从初学者的视角出发，系统地讲述了基于各类爬虫框架的爬虫技能、基于 NumPy、Pandas 和 Matplotlib 的数据分析技能，以及中文文本分析方法和机器学习算法在数据分析中的实战技能。
- **拒绝纸上谈兵**：以实操为主，所有知识点均提供示例演示，读者可以边学边练，快速上手。
- **代码详尽剖析**：所有示例及项目代码均进行详尽剖析，旨在使读者易于理解并能够举一反三。

配书资源

本书提供了案例源代码和 PPT 课件，可以扫描以下二维码下载：

若下载有问题，请发送电子邮件至 booksaga@126.com，邮件主题为"Python 网络爬虫与数据分析从入门到实践"。

读者对象

本书适合以下读者阅读：

- 网络爬虫和数据分析初学者。
- 数据分析工程师、办公人员及科研技术人员。
- 培训机构和高校的学生。

本书由兰州文理学院的马国俊执笔，虽然笔者尽心竭力，但限于水平，书中难免存在不妥之处，恳请广大读者批评指正。

著　者

2023 年 1 月

目　　录

第 1 章

Python 基础语法

本章内容：

- 搭建 Python 开发环境
- Python 基本语法入门
- 函数及用法
- 函数的特殊操作
- Python 的数据结构

随着人工智能的快速普及，Python 语言已成为网络爬虫和数据分析工程师的首选，本书将会使用 Python 作为基础语言进行讲述。

本章将会在搭建 Python 开发环境的基础上，讲述 Python 的基本语法，包括用 Python 定义基本数据类型、用 Python 编写分支和循环语句以及创建和使用 Python 函数。

在此基础上，本章还会讲述 Python 的函数及其写法，包括把函数作为参数传入、在函数内返回函数形式的结果以及定义和使用匿名函数（即 Lambda 表达式）的技巧等内容。

对于从未接触过 Python 语言的读者，只有掌握了本章的内容才能进行后续章节的学习。

1.1 搭建 Python 开发环境

在搭建 Python 开发环境时，一般需要做三件事情，即安装 Python 解释器、搭建集成开发环境和安装第三方库。

安装解释器的目的是为了解释 Python 语言，搭建集成开发环境的目的是为了提升开发效率，而安装第三方库的目的是为了开发 Python 核心库不能支持的业务功能。

1.1.1　安装 Python 解释器

由于我们是在 Windows 系统上进行开发，所以可以到官网 https://www.python.org/downloads/windows/下载基于 Windows 的 Python 解释器，本书使用的是最新版的解释器 3.10.2 版本，下载页面如图 1.1 所示。

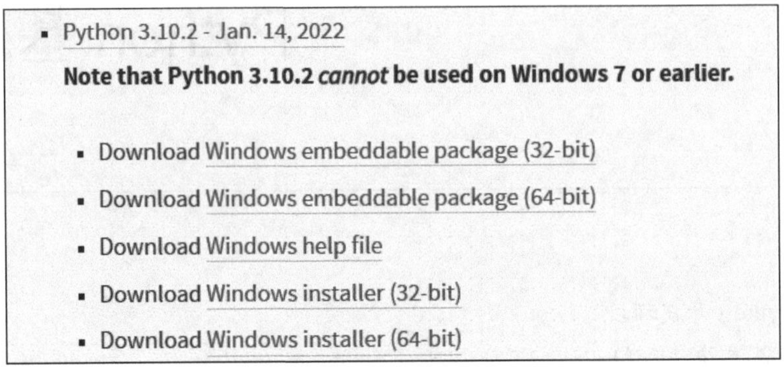

图 1.1　在官网上下载解释器的示意图

在上述下载链接里包含 32-bit 字样的解释器版本只适用于 32 位操作系统，而包含 64-bit 字样的解释器则适用于 64 位操作系统。现在的 Windows 操作系统大多是 64 位的，所以建议读者选择含 64-bit 字样的下载包。

下载并安装完成后，可以在安装路径里看到 python.exe，比如笔者电脑的安装路径是 C:\Users\think\AppData\Local\Programs\Python\Python310，安装后，建议把该路径添加到环境变量 Path 中，这样读者就可以在命令窗口的任何路径执行 python.exe 命令。

提　示
添加环境变量的方法是： ① 右击桌面上的"计算机"图标，选择"属性"，在打开的窗口中，再单击"高级系统设置"选项。 ② 打开"高级系统设置"对话框，选择"高级"选项卡，再单击"环境变量"按钮，打开"环境变量"对话框。 ③ 在环境变量对话框的"系统变量"一栏中找到 path 选项，双击后打开"环境系统变量"对话框。 ④ 在"变量值"文本框中加入 Python 的安装目录（即完成 path 配置），方法是在已有变量值的后面加入";"（半角分号），再加入安装路径。

1.1.2 安装第三方开发包

Python 解释器包含不少默认库，通过引用这些默认的库，开发者能开发比较基础的程序。此外，如果要开发核心包之外具有比较复杂功能的程序，比如要开发数据分析或爬虫等程序，则需要下载对应的第三方开发包，比如，科学计算包 NumPy、数据处理包 Pandas、数据可视化包 Matplotlib 包等，具体的下载步骤如下：

步骤 01 在 CMD 命令窗口中，进入到 Python 解释器所在路径，比如本书是 C:\Users\think\AppData\Local\Programs\Python\Python310，在此路径中，再进入 Scripts 路径，在其中能看到 pip3.exe 文件。

步骤 02 通过 pip3 install 包名的方式，安装第三方包，比如要安装 NumPy 包，对应的命令是 pip3 install numpy。pip3 命令会下载对应的第三方包，下载后直接在本地安装即可。

步骤 03 通过 pip3 命令安装好对应的第三方包后，可以通过 pip3 list 命令确认安装结果，并查看安装包的版本，具体如图 1.2 所示。

```
C:\Users\think\AppData\Local\Programs\Python\Python310\Scripts>pip3 list
Package    Version
---------- -------
numpy      1.22.1
pip        21.2.4
```

图 1.2　通过 pip3 命令查看 NumPy 安装包

在本书后续章节中，因为需要运行爬虫和数据分析等的程序，所以会用到许多第三方包，比如在介绍可视化编程时会用到 Matplotlib 包。

对此，在使用这些第三方包之前，本书会提示要用 pip3 命令安装此包，比如要通过 pip3 install 命令安装 Scrapy 等包。看到此类文字时，读者可以用上文给出的方法，下载并安装对应的包。

1.1.3 在 PyCharm 里设置解释器

PyCharm 是 Python 的集成开发工具，通过该工具程序员可以高效地开发并调试 Python 代码。读者可以到 https://www.jetbrains.com/pycharm/官网下载并安装该集成开发工具。

请注意，PyCharm 工具会自带 Python 解释器，但未必是最新版的，所以建议读者在 PyCharm 集成开发环境里，不要使用它自带的默认解释器，而是使用自己安装的 3.10.2 版本的解释器（参照前一节的说明）。

具体做法是，打开 PyCharm 工具，依次单击菜单选项“File→Settings”，打开如图 1.3 所示的设置界面。

Package	Version	Latest version
Automat	0.7.0	0.7.0
PyDispatcher	2.0.5	2.0.5
PyHamcrest	1.9.0	1.9.0
Scrapy	1.7.3	1.7.3
Twisted	19.7.0	19.7.0
asn1crypto	0.24.0	0.24.0

图 1.3　设置解释器的界面

在设置界面的左侧，用鼠标右键单击当前项目名，并选中"Project Interpreter"，在设置界面的右侧，我们可以更改解释器和查看该解释器所包含的第三方包。

如果本项目所需要的第三方包不包含在当前解释器里，则可以根据 1.1.2 节所述，通过 pip3 命令安装，安装好后再次打开如图 1.3 所示的设置界面，就能看到所需要的包。

1.1.4　在 PyCharm 里新建项目和文件

下载并安装 PyCharm 集成开发环境后，可以按如下步骤新建 Python 开发项目和以 py 为扩展名的 Python 开发文件。

步骤 01　打开 PyCharm，能看到如图 1.4 所示的欢迎界面，单击"Create New Project"选项可新建 Python 项目。如果已经有创建好的项目，则可以通过"Open"选项打开。

图 1.4　PyCharm 的欢迎界面

步骤 02　在随后弹出的窗口的左侧，选择"Pure Python"项，在 Location 字段中，输入待创建项目的位置和项目名，其中 chapter1 是项目名。

在"Project Interpreter"项里，选择本项目所用到的解释器。这里可以选用默认的，也可以使用 1.1.1 节中安装好的 Python 解释器。完成后可单击下方的 Create 按钮创建项目。

步骤 03　如图 1.5 所示，在创建好的 chapter1 项目上右击，选择"New→Python File"菜单命令，创建一个 Python 文件。

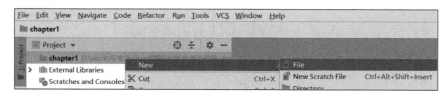

图 1.5　在 Python 项目里创建文件

并在随后弹出的对话框中输入文件名：HelloPython，如图 1.6 所示。

图 1.6　输入文件名

步骤 04　在随后创建好的该文件里输入代码，即"print("Hello World Python")"打印语句，具体效果如图 1.7 所示，请注意该行语句没有缩进。

图 1.7　在文件里编写打印语句

步骤 05　在 PyCharm 工具的空白处，右击，在随后弹出的菜单里选择"Run 'HelloPython'"选项运行代码。运行后即可在控制台看到"Hello World Python"的输出，如图 1.8 所示。

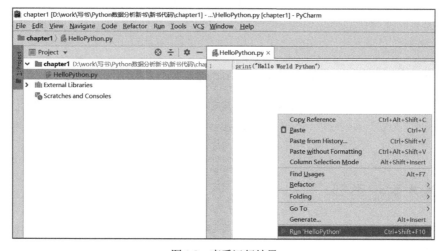

图 1.8　查看运行结果

1.2 Python 语法入门

本节开始讲解 Python 的基本语法，包括变量、数据类型、分支和循环语句等，这是学习 Python 编程的基础，请读者务必熟练掌握。

在讲解 Python 的语法前，先讲一个知识点，在 Python 语法里，是通过缩进来定义代码的层次结构的，即同一层次的代码都向左对齐，而下一个层次的代码块会有 4 个空格的缩进。

不同层次代码块缩进的空格数是约定俗成的，当然如果缩进空格数是 3 或者 5 也可以，最好做到整个程序统一，否则会降低代码的可读性，并会给维护代码的工作带来一定的难度。

1.2.1 Python 常量和变量

一种编程语言通常会有常量和变量，Python 语言也不例外。在 Python 语言中，常量就是其值不变的量，例如：数字、字符串、布尔值、空值就是常量。

变量则是在程序运行过程中，其值可以变化的量。Python 变量占用内存一块空间，用来存放变量的值（或地址），存放的值是可以发生改变的。

每一个 Python 变量都有一个名字，并严格遵循变量的命名规则：

（1）变量名必须以字母或下画线开头（但以下画线开头的变量在 Python 中还有特殊含义，请注意），不得使用中文或数字开头。

（2）变量名中不能有空格或标点符号（如逗号、括号、斜线、反斜线、引号、问号、冒号、句号等）。

（3）不能使用关键字作为变量名，也不建议使用系统内置的模块名、函数名、类型名作为变量名，如果这样做可能会导致代码无法运行。例如，不能使用 input 作为变量名，因为 input() 是一个输入函数。

（4）变量名区分英文字母的大小写，如 name 和 Name 是不同的变量。

（5）每个变量在使用前都必须赋值，变量赋值以后才会被创建，给变量赋值可以使用任意类型的数据。例如，Name="wang kai"（创建一个字符串变量）；y_1=39（创建一个整型变量）。

1.2.2 基本数据类型

开发 Python 程序时，不免要和各种数据类型打交道，常见的数据类型有整型、浮点型、字符串类型和布尔型。在如下的 SimpleData.py 范例程序中演示了对各种基本数据类型数据的操作。

```
SimpleData.py
1    times=16
2    print(times+1)  # 17
3    val=0xff
4    print(val)       # 255
5    price=20.8
6    print(20.8*2)   # 41.6
7    lightSpeed=3e5  # 300000km
8    print(lightSpeed*10)    # 3000000
9    oneNm=1e-9
10   print(oneNm*5)  # 5e-09
11   isExpensive=price<30
12   print(isExpensive)       # True
```

在解析上述程序代码前，请读者注意两点：第一，由于在本程序中的所有代码都是处于同一层次，所以均是靠左对齐，且没有缩进；第二，在诸如第 2 行和第 4 行的后面，我们是用"#"作为前导符来编写单行的注释。

第 1 行代码定义了一个整型变量 times，并将 16 赋值给该变量。在第 2 行的 print 语句中，对 times 进行了加 1 操作，所以输出结果是 17。在第 3 行的 val 变量数值之前，使用 0x 前缀表示该数值为十六进制。第 4 行的打印语句输出该变量的值应该是 255。

第 5 行代码定义的 price 变量带有小数点，这种数据类型是浮点型数据，除了直接用小数点定义外，还可以用带 e 的科学记数法的方式来定义，比如第 7 行通过 3e5 定义了光的速度，单位是千米，表示的数字是 3 后面带 5 个零，在第 9 行通过 1e-9 定义了 1 纳米的长度，具体的数量级是 1 乘以 10 的-9 次方。

在第 11 行代码中，isExpensive 变量的值是布尔值 True，因为 price 小于 30，从第 12 行的输出语句的输出结果可以得知，最终输出的是 True。可以直接把 True 或 False 赋值给布尔类型变量，也可以采用类似第 11 行代码的方式——通过表达式的运算结果来赋值。

以上范例程序演示了基本数据类型的运算或操作。请注意，由于在 Python 程序里定义变量时无须指定该变量的数据类型，比如在第 1 行定义 times 时无须用 int times=16 的方式来声明变量的数据类型，在 Python 语言中，将 16 赋值给 times 变量就已经表示 times 即被定义为整型变量。

另外，在 Python 中定义变量时，变量名尽量要有含义，比如从第 5 行定义的变量名 price，我们就能看出它是"价格"的意思，不建议用 a 或者 b 之类无具体含义的字母作为变量名来定义变量。

1.2.3 字符串

在 Python 语言中，可以用单引号和双引号来定义字符串。

Python 提供了若干可供调用的操作字符串的方法（method），以下我们通过 StringDemo.py 范例程序学习字符串的常见用法。

```
StringDemo.py
1    logMsg='in String.py'
2    logMsg=logMsg+",connect Str"
3    #in String.py,connect Str
4    print(logMsg)
5    twoLineStr="first line\nsecond line"
6    print(twoLineStr)
7    print(len(logMsg))  # 24
8    print(logMsg.replace('in','for') )
9    print(logMsg.find('String'))    # 3
10   print(logMsg.find('Exist'))     # -1
11   print(logMsg.index('String'))   # 3
12   #print(logMsg.index('Exist'))
```

本范例程序的第 1 行代码通过单引号的方式创建了名为 logMsg 的字符串变量。第 2 行代码通过"+"这个运算符实现了字符串串接的操作，请注意在第 2 行代码中待串接的字符串是用双引号定义的。随后通过第 4 行的输出语句输出串接两个字符串后的结果。

第 5 行代码在给 twoLineStr 字符串变量赋值的字符串中引入了"\n"这个换行符，通过第 6 行的输出语句，我们能看到对应的换行效果。如果把其中的"\n"换成"\t"，就能看到引入制表符（Tab 字符）的空格效果。"\n"和"\t"叫作转义字符，也是加"\"来表示常见的那些不能显示的 ASCII 字符，除了"\n"和"\t"，还有其他的转义符。

在第 7 行代码里调用了 len 方法获得字符串的长度然后打印输出。第 8 行代码通过 replace 方法替换源字符串中子字符串，该方法中的第一个参数表示待替换的子字符串，第二个参数表示用于替换的子字符串，该句的输出结果是 for Strforg.py,connect Str，源字符串中的"in"都被替换成"for"。

第 9 行和第 10 行代码演示了通过 find 方法查找特定字符或字符串的用法，其中第 9 行是在 logMsg 字符串变量里查找"String"子字符串，返回结果是 3，表示在源字符串的索引位置 3 找到了（其实是第 4 个字符位置，因为字符串索引值从 0 开始），而第 10 行是查找"Exist"子字符串，因为在源字符串中没找到，所以返回-1。

第 11 行和第 12 行代码给出的 index 方法也能起到查找的作用，与 find 方法的区别是，如果在 index 语句里出现类似第 12 行没找到的情况，不会像 find 方法那样返回-1，而是会抛出异常。对应地，如果去掉第 12 行注释语句的前导符"#"使该行语句变为可执行，那么就能看到"由于没找到所以抛出异常"的情况。

上述范例程序演示了字符串的常用操作。在项目的实际应用中，经常还需要对字符串进行分片操作，在如下的 StrSplit.py 范例程序中演示了如何使用分片操作。

```
StrSplit.py
1    str='in String.py'
2    print(str[0:4])      # in S
3    print(str[1:4])      # n S
4    print(str[:5])       # in St
5    print(str[10:])      # py
6    print(str[-1])       # y
7    print(str[5:-3])     # ring
8    newStr=str[0:4]
9    str=str.replace('in','for')
10   print(newStr)        # in S
```

在 Python 中会用[起始值:终止值]的方式对字符串执行分片操作，其含义是，根据[起始值:终止值]的值来截取（分片）相应的字符串，字符串中的字符使用索引值来引用，字符串的第一个字符的索引值为 0，以此类推。

以下我们来分析上述程序代码执行分片操作的具体方法。

用法 1：如第 2 行和第 3 行代码那样，[]运算中的起始值和终止值都有值，且为正数。索引值从 0 开始，在字符串"in String.py"中第一个字符"i"的索引值是 0，索引值为 4 的字符是"t"。在具体分片截取字符串的时候，得到的子字符串包含起始索引值对应的字符，但不包含终止索引值对应的字符，因此第 2 行语句分片得到的字符串为"in S"，同理第 3 行语句分片得到的结果为"n S"。

用法 2：如第 4 行和第 5 行代码那样，[]运算中的起始值和终止值中只有一个有值，且为正数。比如第 4 行语句中起始值空缺，这表示从默认的起始位开始分片。而第 5 行只有起始值，这表示分片的结束默认在字符串的结尾。因此，第 4 行语句得到的字符串是"in St"，第 5 行语句得到的字符串是"py"。

用法 3：如第 6 行代码，只有一个值，这表示只截取该索引值指定的字符，这里值是-1，负号表示从字符串右边开始计算，-1 则表示截取字符串右边的第 1 个字符，因而结果是"y"。

用法 4：如第 7 行代码，起始值和终止值中有一个值是负数。因为负数表示从字符串的右边开始计算，这里的"5:-3"表示从第 5 个索引值位置开始，包含索引值是 5 的字符，截取到从字符串右边算起第 3 个字符，因而结果是"ring"。

注　意
执行分片操作后的新字符串和原字符串就没有关联了，对其中一个字符串进行操作不会影响到另一个字符串，比如第 8 行代码，对字符串变量 str 进行分片的结果是创建了新字符串变量 newStr，在第 9 行里调用 replace 方法对原字符串进行了替换操作，但从第 10 行语句输出新字符串的结果上来看，新字符串并没有受字符串替换的影响。

1.2.4　单行注释和多行注释

前面讲述了在 Python 程序中注释的用法。可用"#"号进行单行注释，如果要注释多行，则可以用一对"'''"（三个单引号）。在如下的 MoreLineComment.py 范例程序中，不仅演示了多行注释的效果，还演示了在注释中包含中文的方式。

```
MoreLineComment.py
1    #coding=utf-8
2    '''
3    第一行注释
4    第二行注释
5    '''
6    price=10.5 # 定义价格
7    print('输出中文')
```

本范例程序第 1 行代码的作用是表示本段程序代码采用 utf-8 的编码方式。如果要在程序代码中使用中文，则需要加上如第 1 行所示的表明采用何种编码的语句。

从第 2 行到第 5 行代码用一对"'''"标注了多行中文注释，请注意多行注释需要以"'''"开始，也要以"'''"结尾。在第 7 行里，通过 print 语句输出了中文，在控制台里就能看到中文。

1.2.5　条件分支语句

在 Python 程序中，可以用 if…elif…else 的语法来编写程序中的条件分支语句，具体的语法如下：

```
1    if 判断条件:
2        语句
3    elif 判断条件:
4        语句
5    else:
6        语句
```

在上述代码块中，if 和 elif 语句后面都跟着判断条件，条件判断的结果为布尔值，如判断条件的结果为 true，则执行其后代码块所包含的语句。

如果 if 或 elif 的判断条件的结果都不是 true，那么会执行 else 后面代码块所包含的语句。使用 if 分支语句时，请注意两点：第一，if、elif 和 else 语句之后，均需要带":"冒号；第二，由于 Python 是采用缩进方式来表示程序中代码的层次关系，因此 if、elif 和 else 之后的语句都需要缩进以表示各自所属的代码块层次。在如下的 IfDemo.py 范例程序中以判断闰年来演示相关条件分支语句的用法。

```
IfDemo.py
1    # coding=utf-8
2    year=2022
```

```
3    if(year%400==0):
4        print("是闰年")
5    elif((year%4==0)) and (year%100 != 0):
6        print("是闰年")
7    else:
8        print("不是闰年")
```

年份能被 4 整除但不能被 100 整除，或者能被 400 整除的，都是闰年。照此规则，首先在第 3 行的 if 语句中让 year 取 400 的余数，如果能被 400 整除，则在第 4 行编写打印语句以输出"是闰年"的提示信息。

如果无法被 400 整除，则执行第 5 行的 elif 流程，判断年份能否被 4 整除且不能被 100 整除，如果满足此条件，也是闰年。如果不满足第 3 行和第 5 行的 if 和 elif 条件，则执行第 7 行的 else 流程，在第 8 行输出"不是闰年"的提示信息。

在本范例程序中，由于 2022 不能被 400 整除且不能被 4 整除（不能被 4 整除，就不用判断是否非 100 的倍数），因此会执行第 8 行的语句输出"不是闰年"的提示信息。

1.2.6　循环语句

在 Python 程序中可以通过 for 和 while 实现程序的循环执行，其中通过 for 语句，能依次遍历元素中的所有项，在如下的 ForDemo.py 范例程序中演示了相关用法。

ForDemo.py

```
1    number='123456'
2    for singleNum in number:
3        print(singleNum)
4    languageArr=['Python','C#','Java','Go']
5    for lang in languageArr:
6        print(lang)
```

本范例程序的第 1 行代码定义了一个字符串，随后用第 2 行和第 3 行的 for 循环语句，遍历并输出了这个 number 字符串变量中的字符。请注意，第 2 行的 for 语句后面同样要带上冒号。

在第 5 行开始的 for 循环中，遍历了第 4 行定义的 languageArr 对象，第 6 行的输出语句会输出"Python""C#""Java"和"Go"字符串，它们都是换行输出（也就是每个字符串独占一行）。

Python 语言中 while 的语法如下所示：

```
1    while 判断条件：
2        语句
```

如果第 1 行的判断条件的结果为 True，就执行其后循环代码块中的语句，否则就退出 while 循环。

在如下的 WhileDemo.py 范例程序中，通过 while 语句计算 1 到 101 所有奇数的和。

```
WhileDemo.py
1    num=1
2    sum=0
3    while num <=101:
4        sum=sum+num
5        num=num+2
6        # print(num)
7    print(sum) #2601
```

本范例程序在第 3 行的 while 语句中，循环的条件是 num≤101，即 num 值小于等于 101
时，会执行第 4 行到第 6 行的代码块（即循环体）。在该 while 循环的代码块中，第 4 行执行
奇数累加的运算，在第 5 行执行对 num 的加 2 运算。该范例程序运行结束时，我们可以看到
第 7 行输出的奇数和为 2601。

在使用 while 循环语句时请注意如下两点：第一，在循环体内需要像第 5 行那样更新循环
的条件值，如果不更新，就会出现死循环的现象；第二，注意边界值，比如若去掉第 6 行的注
释符号，就能确认最后一个被相加的奇数是 101，但如果在第 3 行的 while 语句中，不慎将条
件语句错写成 while num <101，那么只会累加 1 到 99 的奇数和，导致程序出现逻辑错误，得
出错误的答案。

1.2.7   break 和 continue

在 for 和 while 循环语句中，可以使用 break 语句终止循环，在下面的 BreakDemo.py 范例
程序中可以看到具体的用法。

```
BreakDemo.py
1    languageArr=['Java','C++','Python','Go']
2    for lang in languageArr:
3        print(lang)
4        if(lang=='Python'):
5            break
```

本范例程序在第 2 行到第 5 行的 for 循环中，依次遍历第 1 行定义的 languageArr 变量中
的元素。遍历时会通过第 4 行的 if 语句判断当前元素是否等于字符串 'Python'，如果相等，则
执行第 5 行的 break 语句退出 for 循环。

运行上述范例程序后，我们会发现该程序的输出结果中不包含 'Go' 字符串，则说明当遍
历到 'Python' 元素时，就已经退出了 for 循环，不再继续遍历后面的 'Go' 元素。

执行 break 语句可以退出当前所在循环的循环体，而执行 continue 语句则可以退出当前循
环体本轮次的循环。下面通过 ContinueDemo.py 范例程序中来看看 continue 语句的用法。

```
ContinueDemo.py
1    languageArr=['Java','C++','Python','Go']
```

```
2    for lang in languageArr:
3        if(lang=='C++'):
4            continue
5        else:
6            print(lang)
```

本范例程序的第 3 行的条件判断语句，如果当前遍历到的元素是 'C++'，就会执行第 4 行的 continue 语句结束本轮次的循环，继续下一轮次的循环，而不是退出当前的整个 for 循环体。

结束本轮次的循环后，会继续遍历后继的 'Python' 和 'Go' 这两个元素，所以该范例程序的输出结果中会包含除了 'C++' 元素之外的其他三个元素。

1.2.8　格式化输出

在前面的章节中给出了 print 打印语句的用法，在实际项目中，print 语句更常见的用法是进行格式化输出。下面的 PrintDemo.py 范例程序演示了格式化输出。

```
PrintDemo.py
1    # Hello Tom, Welcome to Python
2    print('Hello %s, Welcome to %s' % ('Tom', 'Python'))
3    #Hello Tom, your age is 22, your price is 15000.500000
4    print('Hello %s, your age is %d, your price is %f' % ('Tom', 22,15000.5))
5    # Your price is 15000.50
6    print('Your price is %.2f' % (15000.5))
7    # LightSpeed is 3.000000e+05 km per second
8    print('LightSpeed is %e km per second' %(300000))
```

本范例程序第 2 行的 print 语句中，%s 表示以字符串的形式输出指定参数，第 1 行注解中的文字信息就是第 2 行 print 语句的输出结果，由此可知，第 2 行中的两个%s 均被其之后由%指定的两个参数所替代。

第 4 行的代码演示了%s、%d 和%f 的综合用法，其中%d 表示格式化输出整型数据，%f 表示格式化输出浮点型数据。同样地，它们会被%后指定的参数所替代。第 3 行注释中的信息就是第 4 行 print 语句的输出结果，由此可知，%f 可以用来指定浮点数输出的格式，如果要指定小数点后面的位数，可以如第 6 行那样，用%.2f 的方式指定浮点数的输出格式，即输出时保留 2 位小数。

第 8 行通过%e 以科学记数法的格式输出数据，第 7 行注释中的信息就是输出结果。

虽然在 Python 语言中还有其他格式化输出语句，但是在上述范例程序化中给出的格式化输出字符串、数字、浮点数和科学记数法的用法是比较常见的，其他不太常用的用法，本书就不再赘述了。

1.3　函数及用法

定义和使用函数的目的是提升 Python 代码的可维护性和可重用性。在本节中，我们除了介绍定义和调用函数的常规方法，还讲解定义和调用 Python 函数时的诸多注意事项。

1.3.1　定义和调用函数

在 Python 程序中，函数（function）也叫方法（method），在其中可以封装实现某种功能的代码。在之前的范例程序中，我们已经介绍过调用 Python 内置函数的方式，比如调用 print() 函数实现输出功能。除了可以调用 Python 自带的函数外，在 Python 程序中还可以定义（即创建）自己的函数。比如，如果要在 Python 程序中多次执行累加和的操作，就可以定义一个函数，在其中封装通用性的累加代码，然后在需要时调用这个函数。以下的 FuncDemo.py 范例程序演示了函数的定义和调用。

```
FuncDemo.py
1    def calSum(maxNum):
2        sum = 0
3        num=0
4        while num <= maxNum:
5            sum = sum + num
6            num = num + 1
7        return sum
8    print(calSum(100))  #5050
9    print(calSum(50))   #1275
10   # bad usage
11   print(calSum('100')) #see exception
```

本范例程序的第 1 行到第 7 行的代码中，我们可以看到定义 Python 函数的示例。在定义 Python 函数时，需要像第 1 行语句那样，通过 def 关键字定义名为 calSum 的函数，该函数携带一个名为 maxNum 的参数，请注意 def 语句也需要以冒号结尾。

第 2 行到第 7 行以缩进的方式定义了该函数的主体代码，其中以 while 循环实现累加和，最后需要通过第 7 行的 return 关键字返回该函数的运行结果。

定义完该函数后，第 8 行和第 9 行的代码通过两次调用该 calSum 函数，实现了计算从 1 到 100 和从 1 到 50 的累加和。从该范例程序可知，通过定义和调用函数，在编程过程中能有效避免编写重复性的代码。

请注意，由于在定义函数参数时，无法指定参数的类型，因此在调用函数时要确保传入的参数类型和定义时的类型一致。比如,该范例程序中第 1 行定义的 calSum 函数，它的 maxNum 参数是整型数据，因为在该函数中是以整型的方式使用该参数。如果调用时传入的是浮点型数据，虽然结果有些怪，但不会出现语法问题，假如像第 11 行那样传入字符串类型的参数，那么在调用函数时就会出现异常。

1.3.2　return 关键字

在定义和调用函数的场景中,如果仅在函数体内部修改参数值,而不用 return 返回该参数,那么在调用之后就无法得到更新后的数值,甚至会得到 None 而出现错误。在下面的 FuncBadUsage.py 范例程序中,可以看到因不用 return 语句而导致的错误结果。

```python
FuncBadUsage.py
1    def addSaraly(currentNum):
2        currentNum = currentNum + 1000
3        # return currentNum
4    print(addSaraly(5000)) # None
```

本范例程序的第 1 行代码中,用 def 关键字定义了名为 addSaraly 的函数,它有个名为 currentNum 的参数。在函数体中的第 2 行,执行了给 currentNum 变量加 1000 的运算。在这种情况下,在第 4 行调用 addSaraly 函数时,打印的结果是 None,这是因为 addSaraly 函数没有通过 return 语句返回结果。此时如果删除第 3 行的注释前导符"#",就可以用 return 把 currentNum 的结果值返回调用该函数的程序段,那么在第 4 行调用 addSaraly 函数时,就能看到预期的结果,即 6000。

1.3.3　递归调用函数

如果在一个函数内部调用该函数本身,这种做法叫函数的递归调用。下面的 FactorialDemo.py 范例程序以阶乘为例来演示函数的递归调用。

```python
FactorialDemo.py
1    def factorial(num):
2        if(num==1):
3            return 1
4        return num * factorial(num - 1)
5    print(factorial(3))    # 6
```

本范例程序的第 1 行到第 4 行的 factorial 函数里,给出了以递归调用实现阶乘的功能。具体做法是,在第 2 行判断 num 是否为 1,如果是则返回 1,否则在第 4 行递归调用 factorial(num - 1)。

第 5 行调用 factorial 函数的参数是 3,那么根据定义,会递归调用 3* factorial(2),而 factorial(2)则会递归调用 2* factorial(1),由于 factorial(1)有明确的返回值 1,递归结束,随后向上推导 factorial(2)等于 2,而 3* factorial(2)等于 6,由此得到最终结果。

在函数中引入递归可以提升代码的可读性,不过在实现递归时务必注意两点:

- 第一,在函数里一定需要明确定义递归的结束条件,比如在上述范例程序中,通过第 2 行和第 3 行代码的定义,当 num 等于 1 时,递归调用结束,返回 1。如果没有结束条件,那就会出现无限递归的情况。
- 第二,计算机操作系统支持的递归层数是有限的,如果递归层数过多,就会出现异常,从而中止程序的运行。

为了避免因递归导致的异常，不少项目组会在使用函数时禁用递归，或者定义一个比较小的阈值，比如只有当明确知道递归层数小于 5，才能使用递归。在禁用递归的场景里，一般可以通过循环来实现相同的功能，比如下面的 FactorialDemo 1.py 范例程序通过循环实现了阶乘。

FactorialDemo 1.py

```
1   def factorialByLoop(num):
2       start = 1
3       result = 1
4       while start <= num:
5           result = result * start
6           start = start + 1
7       return result
8   print(factorialByLoop(5))   # 120
```

1.4　函数的特殊操作

在前一节定义的函数中，函数的参数和返回值都是变量，实际项目中定义和调用的大多数函数都是如此。不过在实现一些特殊的功能时，需要在定义和调用函数时，把函数作为参数传入或者把函数作为结果返回，或者以匿名的方式来定义和调用函数。

1.4.1　参数是函数

函数的参数不仅可以是数值，也可以是 Python 内置或编程者自定义的函数。下面的 FuncAsParam.py 范例程序演示了如何把函数作为参数传入。

FuncAsParam.py

```
1   def add(x,y,func):
2       return func(x) + func(y)
3   print(add(2,5,abs))      # 7
4   def square(x):
5       return x*x
6   print(add(4,5,square)) #41
```

本范例程序第 1 行代码定义的 add 函数中，它的第 3 个参数 func 不是变量，而是一个函数，在 add 函数第 2 行的函数主体代码中，先后调用 func 函数，并将两次调用得到的值求和，然后把加总的结果通过 return 语句返回给 add()函数的调用者。

在第 3 行调用 add()函数时（在第 3 个参数位置），传入了求绝对值的 abs 函数，所以它的返回值是 abs(2)+abs(5)，结果是 7。

除了可以传入 Python 自带的函数作为参数之外，还可以传入编程者自定义的函数作为参数。比如在第 6 行，传入的参数是第 4 行定义的求平方的 square()函数，所以该用法的返回值是 4 的平方加 5 的平方，结果是 41。

1.4.2　返回结果是函数

函数除了可以作为参数传入外，还可以作为函数的返回值，下面的 FuncAsReturn.py 范例程序演示了这一用法。

```
FuncAsReturn.py
1    def getCalFunc(maxNum):
2        def calSum():
3            sum = 0
4            num=0
5            while num <= maxNum:
6                sum = sum + num
7                num = num + 1
8            return sum
9        return calSum
10   func = getCalFunc(100)
11   print(func())   # 5050
12   #Error Usage
13   print(func)
```

本范例程序第 1 行代码定义的 getCalFunc 函数，它是在第 9 行把自定义函数 calSum 返回给 getCalFunc 函数的调用者。请注意，这里的 calSum 不是变量，而是函数，该函数的定义在第 2 行到第 8 行。

在这种用法中，入参 maxNum 是由最外层的 getCalFunc 函数传入到内部的 calSum 函数里，所以 calSum 函数内能用到这个值。

在定义完成后，通过第 10 行的代码调用了 getCalFunc 函数，并把实现计算求和功能的 calSum 函数作为返回值赋值给 func 对象。对于此类把函数作为返回值的程序编写方式，在调用时，需要像第 11 行那样带括号。如果像第 13 行那样不带括号，则程序的运行会出现异常。

1.4.3　匿名函数（Lambda 表达式）

在定义一些功能比较简单的函数时，可以不必拘泥于定义函数名、函数体和返回值这样的形式，而可以用匿名函数的方式来简化代码。

由于在定义匿名函数时会使用 lambda 关键字，因此匿名函数也叫 Lambda 表达式。下面的 LambdaDemo.py 范例程序演示了如何定义和调用匿名函数。

```
LambdaDemo.py
1    calSquareSum = lambda x,y: x*x + y*y
2    print(calSquareSum(3,4))    # 25
3    calSum = lambda x1,x2,x3 : x1+x2+x3
4    print(calSum(2,4,6))         # 12
```

本范例程序第 1 行的代码中，通过 lambda 关键字定义了实现求平方和功能的匿名函数，由于该函数没有函数名，因此叫匿名函数。该函数返回 x 的平方加 y 的平方的数值。

相比于定义函数的常规方法，这种定义函数的方法看上去简洁易懂，能很好地提升代码的可读性。在定义匿名函数后，一般会像第 1 行那样，用变量来接收该匿名函数，比如这里使用 calSquareSum 变量接收匿名函数。

通过第 2 行代码能看到调用匿名函数的方式，即 calSquareSum(3,4)，该函数调用执行的结果是 25。第 3 行代码是定义匿名函数的另一个例子，是求 x1、x2 和 x3 的和，并用 calSum 变量来接收匿名函数。第 4 行代码调用了第 3 行定义的匿名函数，执行的结果是 12。

> **注　意**
>
> 在定义和使用匿名函数时需要注意的是，匿名函数只适用于函数功能比较简单的情况，比如上例中函数体只有一句程序代码。如果函数体比较复杂，不建议使用匿名函数。

1.5　Python 的数据结构

数据结构是数据的载体，在 Python 语言中，数据结构的表现形式是如列表、元组和字典等的对象。

1.5.1　列表及其用法

Python 用方括号的形式来定义列表，再用逗号来间隔列表中的各个元素或值。下面的 ListDemo.py 范例程序演示了列表的常见用法。

```
ListDemo.py
1   langList=['Python','Java','C#','Go']
2   #['Python', 'Java', 'C#', 'Go']
3   print(langList)
4   boolList=[False,True]
5   #[False, True]
6   print(boolList)
7   floatList=[130.6,202.5,180.6]
8   #[130.6, 202.5, 180.6]
9   print(floatList)
10  mixedList=['Python',True,180.6]
11  #['Python', True, 180.6]
12  print(mixedList)
```

本范例程序第 1 行代码定义了名为 langList 的列表，该列表有 4 个元素，即 4 个字符串类型的数据。在 Python 中列表是用方括号来定义的，列表中的元素以逗号来分隔。第 3 行的 print 语句输出该列表中包含的数据。

Python 的列表不仅可以存储字符串类型的数据，还可以存储布尔型或浮点型的数据。第 4 行代码演示了在列表中存储布尔型数据的用法。第 7 行代码演示了存储浮点型数据的用法。

Python 的列表还可以混合存储不同类型的数据，比如第 10 行定义的 mixedList 列表包含了字符串类型、布尔类型和浮点型三种不同类型的数据。

虽然如此，在实践中一般会在同一个列表里只存放一种类型的数据，如果存放了多种不同类型的数据，那么在读取列表中元素时，就不得不用多种方法来处理不同类型的数据，这无疑增加了代码的复杂度，也就增加了代码出错的可能性。

1.5.2　元组及其用法

元组和列表非常相似，都是用线性表的形式来存储数据。不过，在创建元组对象后，元组对象中的元素是不能被修改的，否则就会报错，不过元组作为一个整体可以被一次性删除。下面的 TupleDemo.py 范例程序演示了元组的常见用法。

```
TupleDemo.py
1    myTuple=(10,20,30)
2    print(myTuple)        # (10, 20, 30)
3    # TypeError: 'tuple' object does not support item assignment
4    # myTuple[1]=10
5    # TypeError: 'tuple' object doesn't support item deletion
6    # del myTuple[2]
7    del myTuple
```

本范例程序第 1 行代码用小括号的形式创建了名为 myTuple 的元组，并在其中存放了 3 个数据（即元素）。第 2 行的 print 语句输出了该元组中的所有元素。

前文已经讲过，元组中的元素是不能被修改的，如果企图通过第 4 行和第 6 行的代码修改或删除元组中的元素，就会出现第 3 行和第 5 行的报错提示信息。

不过元组可以作为一个整体被一次性地删除掉，比如可通过上述第 7 行的代码，用 del 方法一次性地删除整个元组。

1.5.3　字典及其用法

程序员可以在 Python 的字典中用"键-值对"（Key-Value Pair）的方式来容纳数据。单纯从语法角度来看，在字典中可以存储 Python 所支持的任何数据类型的数据，但是为了提升代码的可维护性，字典中"键-值对"数据的类型应当保持统一。

在 Python 中用大括号的形式来创建字典，字典里的键和值之间用冒号分隔，而每个"键-值对"用逗号分隔。下面的 DictDemo.py 范例程序演示了创建和使用字典的常见方法。

```
DictDemo.py
1    scoreDict = {'Python':98,'Java':85,'Go':90}
2    print(scoreDict['Python']) # 98
3    scoreDict['G#']=95         # insert
4    scoreDict['Python']=100    # update
```

```
5   del scoreDict['Go']
6   # {'Python': 100, 'Java': 85, 'G#': 95}
7   print(scoreDict)
```

本范例程序第 1 行代码通过大括号定义了一个字典，以"键-值对"的形式存储了 3 种编程语言的考试成绩。第 2 行演示了通过键来访问值的用法。

第 3 行和第 4 行代码演示了在字典中增加"键-值对"和通过键来更新值的用法。在第 3 行的代码中，因为没有 'G#' 这个键，所以就会在字典里增加"键-值对"。在第 4 行的代码中，由于存在 'Python' 这个键，因此是通过键更新对应的值。第 5 行的代码演示了用 del 关键字通过指定键删除字典中"键-值对"的方式。在这段代码的最后，通过第 7 行的 print 语句输出字典的最新内容，以确认了添加、更新和删除字典中对象的结果。

1.6 动手练习

1. 按 1.1 节给出的步骤，在自己的电脑上搭建 Python 开发环境，参考步骤如下：

（1）下载并安装 Python 解释器。

（2）下载并安装 PyCharm 集成开发环境，同时在集成开发环境中配置正确的 Python 解释器。

（3）通过 pip3 install 命令，下载并安装 NumPy 和 Pandas 第三方库。

2. 创建一个用于判断输入年份是否为闰年的函数，并通过调用该函数判断 2024 年和 2026 年是否为闰年，具体要求如下：

（1）创建一个用于判断是否为闰年的函数，该函数的入参是待判断的年份，同时在该函数的内部，用 if 分支语句判断通过入参传入的年份是否为闰年，如果是则返回 True，否则返回 False。

（2）通过调用该函数，判断 2024 年和 2026 年是否为闰年。

3. 编写一段 Python 代码，使用 while 循环语句计算并输出 1 到 500 所有奇数的累加和。

4. 编写一段用于计算平方和的匿名函数（Lambda 表达式），并通过调用该匿名函数，计算 3 和 4 的平方和，具体要求如下：

（1）编写一个匿名函数，实现两个参数的累加和。

（2）调用该匿名函数，计算并输出 3 和 4 这两个数的平方和。

（3）在调用该匿名函数时，尝试着传入 3 和 a 这两个参数，观察运行结果，并思考出现该运行结果的原因。

第 2 章

数据科学库之 NumPy

本章内容：

- NumPy 库中的 ndarray 对象
- NumPy 常见操作
- 索引和切片操作

NumPy 是 Python 的第三方库，该库在 Python 数据分析中得到了广泛应用，已经成为数据分析工程师必须掌握的工具。该库中封装了数组运算和科学计算的相关方法，在使用 NumPy 库之前，需按第 1 章给出的方法，使用 pip3 install numpy 命令安装这个库。

本书所使用的 NumPy 库是 1.22.1 版本，在本章中，我们不仅会介绍 ndarray 数组对象的常用方法，还会介绍 NumPy 库中封装的数学运算和科学计算方法的常见用法。此外本章还会讲述项目中 ndarray 对象的索引和实践技巧。

2.1 NumPy 库中的 ndarray 对象

NumPy 包含一个强大的数组对象 ndarray，在进行数据分析时，经常会使用 ndarray 对象。

ndarray 的中文含义是 N 维数组，它是 N-dimensional array 的缩写，该对象可以存储一维或多维数组，不过在大多数项目里，ndarray 对象会以一维数组的形式出现，用以存储线性表类型的数据。

2.1.1 如何创建 ndarray

前文提到的列表等 Python 数据结构可以容纳不同类型的数据，但是在同一个 ndarray 类型的对象中，只能存储类型相同的数据，不能混杂地存储不同类型的数据，事实上，ndarray 对象会通过 dtype 参数来指定该对象里所存储的数据类型。

在实际应用中，一般是用 NumPy 库的 array 方法来创建 ndarray 类型的对象，创建时可以通过传入 dtype 参数来指定数据类型。如下的 CreateNdarrayDemo.py 范例程序演示了用 array 方法创建 ndarray 对象的常规方法。

```
CreateNdarrayDemo.py
1    import numpy as np
2    ndarray1 = np.array([2,4,6])
3    print(ndarray1)    # [2 4 6]
4    ndarray2 = np.array([[2,4],[6,8]]) # 创建二维数组
5    '''
6    下面的打印语句输出如下
7    [[2 4]
8     [6 8]]
9    '''
10   print(ndarray2)
11   arrWithDType = np.array([10,  20,  30], dtype = np.int16)
12   print(arrWithDType) #[10 20 30]
13   strArr = np.array([10, 'msg', 30],dtype = np.unicode_)
14   print(strArr) # ['10' 'msg' '30']
15   # errorArr = np.array([10, 'msg',  30],dtype = np.int16)    # 会出错
```

为了调用 NumPy 库里的方法，首先需要通过第 1 行的 import 语句引入 NumPy 库。第 2 行代码通过 NumPy 库的 array 方法创建了一个名为 ndarray1 的 ndarray 对象，它是个一维数组，创建后通过第 3 行的 print 语句输出其包含的数据，由此能确认创建的结果。

从第 2 行代码可以看到，用 array 方法创建 ndarray 类型的对象时，输入的参数可以是列表对象。

除了可以创建一维数组外，还可以用类似第 4 行的 array 方法，创建二维的 ndarray 数组对象。创建后通过第 10 行的 print 语句输出 ndarray2 对象里包含的二维数组数据。

在创建 ndarray 数组对象时，还可以像第 11 行代码那样，通过传入 dtype 参数指定数据类型，比如在第 11 行的代码里，指定了创建后的 arrWithDType 对象中只能存储 int16 类型的数据。

在用 ndarray 对象存储数据时，数据的类型可以不一致，比如在第 13 行创建的 strArr 对象中，两个数据是整型，一个数据是字符串类型，但通过 dtype 指定了该 ndarray 是 unicode 类型，

在这种情况下，Python 会把两个整型的数据转换成字符串类型。通过第 14 行 print 语句的输出，可以确认这种"转型"的结果。

第 15 行程序被注释掉了，用于说明在创建过程中，通过 dtype 参数指定了该 ndarray 只能容纳 int16 类型的数据，但是，在传入参数时，不仅传入了整型数据，还传入了字符串类型的数据，所以该语句会报错。由此可知，在创建 ndarray 类型的对象时，其中的数据类型必须和 dtype 类型一致。

2.1.2　用 dtype 参数指定数据类型

上一节的范例程序演示了在创建 ndarray 对象时通过 dtype 参数指定数据类型的用法，表 2.1 给出了 dtype 参数的取值和数据类型的对应关系。

表 2.1　dtype 参数与数据类型对应关系一览表

Dtype 参数	数据类型
bool_	布尔类型，可以是 True 或者 False
int8	字节类型，数值从-128 到 127
int16	整型，数值从-32768 到 32767
int32	整型，数值从-2147483648 到 2147483647
int64	整型，数值从-9223372036854775808 到 9223372036854775807
uint8	无符号整型，数值从 0 到 255
uint16	无符号整型，数值从 0 到 65535
uint32	无符号整型，数值从 0 到 4294967295
uint64	无符号整型，数值从 0 到 18446744073709551615
float16	浮点数，包含 1 个符号位，5 个指数位，10 个尾数位
float32	浮点数，包括 1 个符号位，8 个指数位，23 个尾数位
float64	双精度浮点数，包括 1 个符号位，11 个指数位，52 个尾数位
str	字符串数据类型
string_	bytes 字符串的数据类型
unicode_	以 unicode 编码的字符串数据类型

以下的 DTypeDemo.py 范例程序演示了创建 ndarray 时用 dtype 参数设置数据类型的常规方法。

```
DTypeDemo.py
1    import numpy as np
2    boolArr = np.array([False,True],np.bool_)
3    print(boolArr)  # [False  True]
4    strArr = np.array(['12','34'],np.str)
5    print(strArr)  # ['12' '34']
6    byteStrArr = np.array(['12','34'],np.string_)
7    print(byteStrArr)  # [b'12' b'34']
8    floatArr = np.array([2.0,9.8],np.float32)
```

```
9    print(floatArr)     # [2.  9.8]
```

本范例程序的第 2 行代码通过 np.bool_类型的 dtype 参数创建了布尔类型的 ndarray 对象 boolArr，该对象只能存储 True 或 False 类型的布尔类型数据。第 3 行的 print 语句输出该 ndarray 对象中的值。

第 4 行和第 6 行的代码分别通过 np.str 和 np.string_类型的 dtype 参数创建了字符串类型和 byte 字符串类型的 ndarray 对象，第 8 行的代码则是用 np.float32 类型的 dtype 参数值创建了 32 位浮点类型的 ndarray 对象。

如果要在实际项目中用 dtype 参数指定所创建的 ndarray 对象的数据类型，则要注意如下的要点：

- 可以根据 ndarray 对象所需的数据范围或精度合理地选用 dtype 参数来设置整型、无符号整型或浮点型等数据类型。
- 如果需用 ndarray 对象保存中文字符串，可以把对应的 dtype 参数值设置为 unicode_，如果只需保存常规的字符串，则可以把 dtype 参数值设置为 str，如果要保存字节 byte 类型的字符串，则可以把 dtype 参数值设置为 string_。

2.1.3　创建全 0 或全 1 的 ndarray

在实际使用 ndarray 的场景中，有必要在创建 ndarray 对象时为其中的所有元素设置初始值，一般来说初始值为 0 或 1。

下面的 SetNdarray.py 范例程序演示了用 zeros 方法创建全 0 的 ndarray 对象（就是该对象的所有元素初始值为 0），以及用 ones 方法创建全 1 的 ndarray 对象的方法（就是该对象的所有元素初始值为 1）。

SetNdarray.py

```
1    import numpy as np
2    zeroArr = np.zeros(4,dtype=np.int32)     # 长度为 4、元素全为 0 的一维数组
3    print(zeroArr)  # [0 0 0 0]
4    oneArr = np.ones(4,dtype=np.float16)     # 长度为 3、元素全为 1 的一维数组
5    print(oneArr)   # [1. 1. 1. 1.]
```

本范例程序的第 2 行代码用 zeros 方法创建了一个长度为 4、元素全为 0 的一维数组。第 3 行的 print 语句输出该全 0 数组的值。

第 4 行代码用 ones 方法创建了一个长度为 4、元素全为 1 的一维数组。第 5 行的 print 语句输出该全 1 数组的值。

2.2　NumPy 常见操作

本节将讲述 ndarray 对象的常见方法。通过这些方法，我们不仅能根据实际业务需求创建数据序列，而且还能对存储在 ndarray 对象中的数据进行统计和科学运算。

2.2.1　用 arange 创建序列

在实际的数据分析场景中，可以调用 NumPy 库封装的 arange 方法创建一个指定规律的数字序列，该方法的语法如下：

```
numpy.arange(start, stop, step, dtype = None)
```

- start 参数表示该序列的起始值，默认值是 0。
- stop 参数表示该序列的终止值，在所生成的序列中，不会包含该终止值对应的数字。
- step 参数表示序列的递进步长，该参数默认值是 1，可以不用设置。如果设置了该参数，在 arange 方法中就必须传入 start 参数。
- dtype 参数表示数据类型，该参数可以取表 2.1 中所给出的值。

以下的 ArrangeDemo.py 范例程序演示了如何用 arange 生成 ndarray 序列。

```
ArrangeDemo.py
1    import numpy as np
2    arr1 = np.arange(4)      # 只有结束项
3    print(arr1)     # 输出结果为 [0 1 2 3]，起始值是 0，步长是 1，不包含结束项
4    arr2 = np.arange(1, 6)  # 起始值为 1，步长默认为 1
5    print(arr2)     # 输出结果为 [1 2 3 4 5]
6    arr3 = np.arange(1, 16, 3)
7    print(arr3)     # 输出结果为 [ 1  4  7 10 13]，不含 16
8    arr4 = np.arange(1, 4, 0.5)
9    print(arr4)     # 输出结果为 [1.  1.5 2.  2.5 3.  3.5]
```

本范例程序的第 2 行调用 arange 方法生成序列，只传入了 1 个参数，该参数表示终止数字是 4，由于没有输入起始值，因此会用 0 作为默认的起始值，步长参数也没有输入，于是会用默认值 1。从第 3 行的 print 语句的执行结果来看，调用 arange(4) 方法生成的序列不包含终止值对应的数字 4，因为起始值从 0 开始，步长是 1，所以包含三个数字，即 0、1 和 2，同时是用 ndarray 对象来存储这三个数字的。

在第 4 行的 arange 方法中，起始值是 1，终止值是 5，没有提供步长参数，所以步长值默认为 1。从第 5 行的 print 语句执行结果来看，该方法生成了 1 到 5 的数字序列。

在第 6 行的 arange 方法中，传入了起始值、终止值和步长三个参数，从第 7 行的输出结果可以看到 1、4、7、10 和 13 这些数字，它们的间隔（步长）是 3，该数字序列同样没有包含终止值对应的数字 16。

调用 arrange 方法时，起始值、终止值和步长还可以是浮点型数据，比如在第 8 行中，步长是 0.5，从第 9 行的 print 语句执行结果可以看到步长是浮点数时得到的浮点型数字序列。

2.2.2   常用的数学运算

NumPy 库还封装了用于 ndarray 数组进行整体数学运算的方法，比如提供了对整个 ndarray 数组进行加减乘除的运算。

以下的 CalNdarray.py 范例程序演示了对 ndarray 数组进行整体数学运算的方法。

CalNdarray.py

```
1    import numpy as np
2    array1 = np.array([0,1,2])
3    array2 = np.array([3,4,5])
4    print(array1+3)        # [3 4 5]
5    print(array1*3)        # [0 3 6]
6    print(array1+array2)      # [3 5 7]
7    print(array1*array2)      # [ 0 4 10]
8    print(np.square(array2))      # 平方运算，输出[ 9 16 25]
```

本范例程序首先在第 2 行和第 3 行定义了两个待运算的 ndarray 对象，第 4 行和第 5 行代码是对 array1 对象进行加法和乘法运算。从输出结果来看，这里的加法和乘法由于是作用在 array1 对象上，因此是针对该 ndarray 中的所有元素进行操作。

在第 6 行和第 7 行的程序代码中，运算符的两边都是 ndarray 类型的对象，从输出结果可知，这两个 ndarray 对象中对应索引位置的元素进行相加或相乘运算，即各自相同索引位置的元素成对进行指定的运算。

除此之外，对于 ndarray 对象还可以像第 8 行那样，调用 square 等方法进行数学运算，运算结果如第 8 行代码后的注释所示。

从上述范例程序的执行结果可知，针对 ndarray 对象进行的各种数学运算，其实是针对 ndarray 对象中的每个元素的。

2.2.3   NumPy 的科学计算函数

NumPy 库封装了大量的用于科学计算的函数。以下的 MathCal.py 范例程序演示了如何调用 NumPy 库提供的常用科学计算函数。

MathCal.py

```
1    import numpy as np
2    print(np.abs(-14))        # 求绝对值，该表达式返回 14
3    print(np.round_(3.7))      # 四舍五入，该表达式返回 4.0
4    print(np.ceil(4.2))        # 求大于或等于该数的整数，该表达式返回 5.0
5    print(np.floor(5.8))      # 求小于或等于该数的整数，该表达式返回 5.0
```

```
6    print(np.cos(60*np.pi/180))   # 求 60 度的余弦值，转换成弧度，结果是 0.5
7    print(np.sin(30*np.pi/180))   # 求 30 度的正弦值，转换成弧度，结果是 0.5
8    print(np.sqrt(25))            # 求根号值，该表达式返回 5
9    print(np.square(7))           # 求平方值，该表达式返回 49
10   print(np.sign(5))             # 符号函数，如果大于 0 则返回 1，该表达式返回 1
11   print(np.sign(-5))            # 符号函数，如果小于 0 则返回-1，该表达式返回-1
12   print(np.sign(0))             # 符号函数，如果等于 0 则返回 0，该表达式返回 0
13   print(np.log10(1000))         # 求以 10 为底的对数，该表达式返回 3.0
14   print(np.log2(8))             # 求以 2 为底的对数，该表达式返回 3.0
15   print(np.exp(1))              # 求以 e 为底的幂次方，该表达式返回 e
16   print(np.power(3,3))          # 求 3 的 3 次方，该表达式返回 27
17   arr = np.array([-2,4,6])
18   print(np.abs(arr))            # [2 4 6]
```

在上述范例程序中，每条科学计算语句都有注释，从中可以看到相应函数的用法及计算结果。不过在调用科学计算方法时，请注意如下要点：

- 在第 6 行和第 7 行进行余弦和正弦函数计算时，参数的单位是弧度，所以参数 30 或 60 要乘以 np.pi/180，把度转换成弧度。此外调用 NumPy 库提供的其他函数进行三角函数运算时，也需进行如此的转换运算。

- NumPy 提供的科学计算方法能作用在数值上，也能像第 18 行那样作用在 ndarray 对象上，当作用在 ndarray 对象时，会针对该对象中的每个元素进行相应的计算。

2.2.4　NumPy 的聚合统计函数

在用 NumPy 库进行数据分析时，有可能需要对样本进行聚合统计计算，NumPy 提供了此类计算的函数。

以下的 AggrDemo.py 范例程序演示了如何调用 NumPy 库提供的常用聚合统计函数。

```
AggrDemo.py
1    import numpy as np
2    val=np.array([2,4,6,8,10])
3    print(np.max(val))        # 找出最大值，输出为 10
4    print(np.min(val))        # 找出最小值，输出为 2
5    print(np.median(val))     # 找出中位数，输出为 6.0
6    print(np.sum(val))        # 输出这组元素的和，结果是 30
7    print(np.prod(val))       # 输出这组元素的积，结果是 3840
8    print(np.mean(val))       # 计算这组元素的平均数，结果是 6.0
9    print(np.var(val))        # 计算这组元素的方差，结果是 8
10   print(np.std(val))        # 计算这组元素的标准差，结果约为 2.282
```

在上述范例程序中的各行代码之后，均是通过注解说明该聚合函数的作用和输出值。其中求最大值、最小值，中位数、该组元素的和、该组元素的积和该组元素的平均数等操作比较好理解，而第 9 行该组元素的方差的算法是，计算序列中每个数值与平均数之差的平方值的平均数。

比如 val 序列中的平均值是 6，该序列的方差算法如下：

$$((2-4)^2+(4-4)^2+(6-4)^2+(8-4)^2+(10-4)^2)/5$$

由此算出方差的数值是 8，而第 10 行由 std 方法算出的标准差的值是方差的平方根，也就是 8 的平方根，约为 2.282。

2.3 索引和切片操作

在数据分析的场景中，在对 NumPy 库中的 ndarray 对象进行数据处理时，经常会通过索引值来访问该对象中指定的元素，或者通过切片操作获取指定的片段数据。在本节中，将详细讲解针对 ndarray 对象进行的索引和切片操作。

2.3.1 索引操作

对于 ndarray 一维数组，可通过单个索引值定位到对象中的具体元素；而在多维数组中，需要通过行索引和列索引这两个参数定位到具体的元素。

在使用索引定位 ndarray 元素时需注意，索引值是从 0 开始而不是从 1 开始。如果索引值越界，则会抛出 IndexError 异常。

以下的 IndexDemo.py 范例程序演示了如何用索引值访问 ndarray 元素。

```
IndexDemo.py
1    import numpy as np
2    array1 = np.array([2,4,6,8])    # 一维数组
3    print(array1[3])    # 输出第 4 个元素，结果是 8
4    try:
5        print(array1[6])# 出现索引值越界的错误
6    except IndexError as e:
7        print(e)
8    array2 = np.array([[1, 2, 3],[4, 5, 6],[7, 8, 9]])    # 二维数组
9    print(array2)    # 可以观察结果
10   print(array2[1,1])    # 输出第 2 行第 2 列的元素，结果是 5
11   print(array2[0])    # 输出第 1 行的元素，结果是[1 2 3]
```

本范例程序中首先通过第 2 行代码定义了一个一维数组，第 3 行代码通过 array1[3]（索引值为 3）来访问数组的第 4 个元素，该条语句的执行结果是 8。

第 5 行代码因索引值越界而引发了异常，该条语句抛出的异常会被第 6 行的 except 语句捕获并处理，从中可以看到有关异常的细节信息。

随后在第 8 行代码定义了一个多维数组，对于多维数组可以像第 10 行那样通过行索引和列索引访问其中的元素。如果访问多维数组的索引值只有一个，那么会根据该索引值返回由该

索引值指定的行的所有元素，具体结果如第 11 行代码所示。

2.3.2　布尔索引与过滤数据

在一些数据分析场景中，需要按条件提取 ndarray 数组里的一些数据，同时过滤掉不符合要求的数据，这类需求可以用 "布尔索引" 的方式来实现。以下的 BoolIndexDemo.py 范例程序演示了获取数据和过滤数据的方法。

```
BoolIndexDemo.py
1    import numpy as np
2    numberArray = np.array([45,10,-5,-2,-15])
3    posNumberArray = numberArray[numberArray>0]
4    print(posNumberArray) # [45 10]
5    data = np.array([np.nan,1,np.nan,3,7,np.nan])
6    fixData = data[~np.isnan(data)]
7    print(fixData)  # [1. 3. 7.]
```

假设在数据分析的场景中，从网上得到了若干数据存入第 2 行定义的 numberArray 对象，其中小于 0 的是非法数据，为了过滤掉这些非法数据，可以用如第 3 行所示的代码提取该对象中大于 0 的数据，并存入 posNumberArray 对象，通过第 4 行的 print 语句的输出结果可以确认是否过滤掉 numberArray 对象内小于 0 的数据。

再如，第 5 行的 data 对象包含了若干非法数据，在实际项目中，会用 np.nan 来填充非法数据，在处理 data 对象中的数据前，需要用第 6 行所示的代码，即用~np.isnan(data)的布尔值作为索引过滤非法数据。执行后，通过第 7 行的 print 语句确认过滤后的结果。

通过上述范例程序，可以看到用布尔索引过滤数据的常规用法，即在待过滤的对象的索引位置，写入过滤条件，过滤条件一般是布尔表达式，如第 3 行和第 6 行的代码。这样就能通过布尔索引从 ndarray 里得到满足条件的数据。

2.3.3　切片操作中的内存共享问题

对于 NumPy 库里的 ndarray 对象，可以通过[start:end]的方法来截取其中的部分数据，这种操作叫 "切片操作"。

但是在对 ndarray 对象进行切片操作时要注意，通过切片操作得到的数据会和原数据共享内存，在对切片后的数据进行修改时，会影响到原数据，反之亦然。如果在数据分析应用中忽略了这一点，就会导致错误地修改原数据。

以下的 SliceDemo.py 范例程序演示了如何用切片操作截取 ndarray 中的数据，尤其需要注意的是，切片操作获得的数据和原数据具有 "共享内存" 的特性。

```
SliceDemo.py
1    import numpy as np
2    # 对一维数组的切片操作
```

```
3    array1 = np.array([0,1,2,3,4,5,6])
4    print(array1[0:4])  # [0 1 2 3]
5    print(array1[3:])   # [3 4 5 6]
6    print(array1[:4])   # [0 1 2 3]
7    print(array1[3:-1]) # [3 4 5]
8    # 对二维数组的切片操作
9    array2 = np.array([[0,1,2],[3,4,5],[6,7,8]])
10   '''
11   下面的打印语句输出前 1 行
12   [[0 1 2]]
13   '''
14   print(array2 [0:1])
15   # 下面的打印语句输出第三列，[2 5 8]
16   print(array2 [:,2])
17   '''
18   下面的打印语句输出如下
19   [[3 4]
20    [6 7]]
21   '''
22   print(array2 [1:3,0:2])
23   # 修改原数据，切片操作获得的数据也会随之改变
24   array3 = np.array([0,1,2,3,4])
25   array4 = array3[0:2]
26   print(array4)           # 此时输出[0 1]
27   array3[1] = 100         # 变更原数据
28   print(array4)           # 输出[  0 100]，切片操作获得的数据也随之改变
```

本范例程序的第 3 行代码定义了一个 ndarray 一维数组，第 4 行到第 7 行代码演示了对该一维数组的各种切片操作。

在第 4 行的切片操作代码中，冒号左边的数字 0 表示切片操作起始的索引值，冒号右边的数字 4 表示切片操作终止的索引值。需要注意的是，该切片操作的结果会包含起始索引值对应的数组位置的元素，但不会包含终止索引值对应的数组位置的元素，即不包含索引值 4 对应的数组第 4 个位置的元素 4，只输出[0 1 2 3]。

在第 5 行的切片操作代码中，只指定了冒号左边的起始索引值，表示本次切片操作是从该索引值对应的数组位置开始，一直到 ndarray 数组的末尾，在该行程序语句后面的注释中给出了输出结果。

在第 6 行的切片操作代码中，由于没有指定起始索引值，因此切片操作的结果是从索引值 0 对应的数组位置开始一直到终止索引值 4 对应的数组位置的前一个位置为止（即不含终止索引值对应的数组位置）。在第 7 行中，终止索引值是-1，表示终止索引位置是从右边开始第 1 个元素，但也不包含该终止索引值对应的数组位置的元素，就不包含元素 6，输出的结果为[3 4 5]。

第 9 行定义了一个 ndarray 多维数组，在对多维数组进行切片时，可以像第 14 行代码那

样获取指定行的数据，也可以像第 16 行代码那样获取指定列的数据，也可以像第 22 行代码那样用指定行索引和列索引定位到具体位置的数组数据。

第 25 行代码对 array3 对象执行切片操作得到了 array4 对象，由于对 ndarray 执行切片操作得到的结果会和原数据共享，因此这里的 array3 对象其实是和 array4 对象共享内存。从表现形式来看，虽然在第 27 行只修改了 array3 数据，但通过第 28 行的 print 语句可以看到，array4 对象里的数据同样也被修改了。

2.3.4　copy 函数与创建副本

由于对 ndarray 执行切片操作得到的数据会和原数据共享内存，所以在切片后，如果要分开处理切片得到的数据和原数据，可以调用 copy 方法先为原数据创建副本，再执行切片操作，这样两套数据就不会相互影响。以下的 CopyDemo.py 范例演示了这种用法。

```
CopyDemo.py
1    import numpy as np
2    array1 = np.array([1,2,3,4])
3    copiedArray = array1.copy()
4    array2 = copiedArray[0:2]
5    print(array2) # 此时输出[1 2]
6    array1 = array1 * 3 # 变更原数据
7    print(array1) # 输出[ 3  6  9 12]，原数据已经变更
8    print(array2) # 还是输出[1 2]，切片数据没变
```

本范例程序的第 3 行代码通过 copy 方法为 array1 对象创建了一个副本 copiedArray，第 4 行是对副本执行切片操作，并把结果赋值给 array2 对象。

在这种情况下，如果在第 6 行的代码中对原数据 array1 进行了修改，但也不会对由 copy 而生成的 array2 对象产生影响。

在进行数据分析时，应当根据实际需求来分析原数据和切片数据是否应当相互影响，如果不该相互影响，那么就可以如本范例所示，在修改数据前，用 copy 方法来创建副本，这样对副本的修改就不会影响到原数据。

2.4　动 手 练 习

1. 参考 2.1.3 节给出的步骤，创建长度为 3、全 0 或全 1 的 ndarray 数组对象。

2. 参考 2.2.1 节给出的步骤，创建一个其元素从 1 开始到 100、步长为 2 的 ndarray 数组对象。

3. 创建一个其元素从 0 到 10、步长为 1 的 ndarray 数组对象，并按如下的要求进行切片操作。

（1）获取从第 1 号数据开始到第 5 号数据之间的所有数据。

（2）获取从第 4 号数据开始到最后索引值对应位置之间的所有数组数据。

（3）获取从第 2 号数据开始到倒数第 2 号数据之间的所有数据。

4. 运行 2.2.3 节的代码，掌握 NumPy 库提供的常用的科学计算函数的用法。

5. 运行 2.2.4 节的代码，掌握 NumPy 库提供的常用的聚合统计函数的用法。

6. 运行 2.3.2 节的代码，掌握通过布尔索引对 ndarray 对象过滤数据的做法。

第 3 章

数据处理库之 Pandas

本章内容：

- Series 对象及操作
- DataFrame 对象及操作
- DataFrame 同各种文件交互

　　Pandas 是一个基于 NumPy 的强大的分析结构化数据的工具集，它也是 Python 数据分析应用场景中比较实用的一个库，可用于数据挖掘和数据分析。Pandas 还提供了数据清洗功能，包含大量快速、便捷处理数据的函数和方法。

　　Pandas 库一般会用 Series 和 DataFrame 这两类对象来存储数据，其中 Series 是一种一维的数据结构，类似于一维数组，而 DataFrame 是一种二维的数据结构，类似于表格。

　　在数据分析的应用场景中，Python 应用程序需要经常和各种文件交互，比如从 JSON 等格式的文件中导入数据，或把分析结果存入 CSV 格式的文件。对此，Pandas 库封装了一些实用的方法，通过调用这些方法，程序员能方便地同各种类型的文件交互。

　　在使用 Pandas 库里的数据结构和方法前，需要用 pip3 install pandas 命令安装这个库，本章使用的 Pandas 库的版本号是 1.4.1。

3.1　Series 对象及操作

Series 是一种类似于一维数组的对象，它由索引（index）和数值（value）构成，每个数值都会对应一个索引。Series 中的索引是 Index 类型的对象，而数值则是上一章提到的一维的 ndarray 类型对象。

从数据容器的角度来分析，Series 对象可以存储基本的数据类型（字符串、布尔值、数字等）和自定义的 Python 对象。从应用角度来看，在数据分析场景中可以用 Series 对象存储一维数据，如果要存储二维的表格类型的数据，那么可以用 DataFrame 类型的对象。

3.1.1　Series 常规操作

Series 对象的常规操作包括创建、读取和更改数据。以下的 SeriesDemo.py 范例程序演示了对 Series 对象进行的常规操作。

```
SeriesDemo.py
1   import pandas as pd # 导入 Pandas
2   import numpy as np
3   seriesVal=pd.Series([0,1,2,3])
4   '''下面的打印语句输出如下
5   0    0
6   1    1
7   2    2
8   3    3
9   4    4
10  dtype: int32
11  '''
12  print(seriesVal)
13  # RangeIndex(start=0, stop=4, step=1) <class 'pandas.core.indexes.range.
    RangeIndex'>
14  print(seriesVal.index,type(seriesVal.index))
15  # [0 1 2 3] <class 'numpy.ndarray'>
16  print(seriesVal.values,type(seriesVal.values))
17  seriesVal[1]=10        # 给索引值是 1 的元素赋值
18  # [ 0 10  2  3] <class 'numpy.ndarray'>
19  print(seriesVal.values,type(seriesVal.values))
20  anoSeries=pd.Series(np.arange(0, 5))
21  # print(anoSeries)
```

由于 Series 是 Pandas 库的对象，其中容纳数据的 ndarray 对象是属于 NumPy 库的，因此在本范例程序的第 1 行和第 2 行中通过 import 语句引入 Pandas 和 NumPy 库。

第 3 行代码创建了一个名为 seriesVal 的 Series 类型的对象，从创建时传入的参数来看，Series 对象可以用来存放一维数据。第 12 行用 print 语句输出了该对象，输出结果就是第 5 行到第 10 行注释的内容。由此可知，Series 类型的对象由索引和数值构成，而且还用 dtype 属性标识了 Series 元素的数据类型。

第 14 行和第 16 行代码输出了 seriesVal 对象的 index（索引）和 values（数值）及其类型。从第 13 行的输出结果可知，Series 的索引是 RangeIndex 类型，从第 15 行的输出可知，Series 的数值是 NumPy 库中的 ndarray 类型。

对于 Series 对象，可以像第 17 行的代码那样，通过指定索引来赋值，其中参数 1 表示索引值。从第 18 行中注释的输出可知，seriesVal 对象中索引值为 1 对应的元素值被成功地修改成 10。

由于 Series 对象的数值是 ndarray 类型，因此还能用类似第 20 行的代码通过 arange 方法创建序列，并把序列赋给 Series 类型的对象。如果去掉第 21 行的注释引导符"#"，就能看到通过 arange 方法创建的就是 Series 对象的数值。

3.1.2　Series 抽样操作

在实际的数据分析应用场景中，在向 Series 类型对象中导入数据后，需要抽样查看样本数据，这时可通过调用 head、tail 和 take 方法查看指定的数据。以下的 ReadSeries.py 范例程序演示了如何抽样查看数据。

```
ReadSeries.py
1   import pandas as pd
2   import numpy as np
3   mySeries=pd.Series(np.arange(0, 12))
4   print(mySeries.head())  # 输出前 5 行数据
5   print(mySeries.head(3)) # 输出前 3 行数据
6   print(mySeries.tail())  # 输出后 5 行数据
7   print(mySeries.tail(3)) # 输出后 3 行数据
8   print(mySeries.take([1,4]))      # 输出索引值为 1 和 4 的数据
```

在本范例程序的第 3 行代码通过 arange 方法创建了从 0 到 11 的序列，并把该序列赋赋值给 Series 类型的 mySeries 对象。如果要抽样查看头部数据，可以像第 4 行和第 5 行那样调用 head 方法。如果像第 4 行那样不传入任何参数给 head 方法，则会输出序列前 5 行的数据，如果像第 5 行那样传入参数，就会输出由该参数指定的前 3 行数据。

如果要抽样查看序列尾部的数据，可以像第 6 行和第 7 行那样调用 tail 方法。如果像第 6 行那样不传入任何参数给 tail 方法，则会输出最后 5 行的数据，如果像第 7 行那样传入参数，则会输出由该参数指定的后 3 行数据。

通过第 8 行的 take 方法，可以输出由参数指定索引值对应行的数据。

3.1.3　Series 索引操作

Series 类型的对象是由索引和数值构成的，在 3.1.1 节的 SeriesDemo 范例程序中创建 Series

对象时,没有针对数值设置索引,所以数值对应的索引值默认是从 0 开始的数字序列。实际上,在创建 Series 对象时,还能通过传入 index 参数来设置索引序列。以下我们通过 IndexDemo.py 范例程序来演示如何为数值设置索引。

```
IndexDemo.py
1    import pandas as pd # 导入 Pandas
2    seriesWithIndex= pd.Series([0,1,2,3], index=['a', 'b', 'c', 'd'])
3    # 下面的打印语句输出 Index(['a', 'b', 'c', 'd'], dtype='object')
4    print(seriesWithIndex.index)
5    # 下面的打印语句输出[0 1 2 3]
6    print(seriesWithIndex.values)
7    print(seriesWithIndex['c'])          # 输出 2
8    print(seriesWithIndex[3])            # 输出 3
9    series1= pd.Series([0,1,2,3], index=[1, 2, 3, 4])
10   print(series1[1])           # 输出 0
11   # print(series1[0])         # 这句话会抛出异常
12   series2= pd.Series([1,2,3,4], index=['a', 'b', 'b', 'b'])
13   '''
14   下面的打印语句输出如下
15   b    2
16   b    3
17   b    4
18   dtype: int64
19   '''
20   print(series2['b'])
21   # 通过指定索引值删除数据
22   newSeries = series2.drop(['b'])
23   '''
24   下面的打印语句输出如下
25   a    1
26   dtype: int64
27   '''
28   print(newSeries)
```

本范例程序的第 2 行语句创建 Series 类型的 seriesWithIndex 对象时,通过 index 参数传入了索引值,这些索引值是通过 4 个数字逐一和 seriesWithIndex 对象的 4 个数值相对应。

第 4 行和第 6 行的 print 语句,输出了 seriesWithIndex 对象的索引值和数值,同时能看到它们之间的对应关系。需要说明的是,哪怕是通过 index 参数传入了索引,针对 Series 类型对象的数值索引依然有效,从第 7 行和第 8 行的 print 语句中,我们可以看到通过 index 索引和数值索引访问对象的方式。

在创建 Series 类型的对象时,也可以像第 9 行的代码那样,通过 index 参数传入数字类型的索引值。但需要注意,此时如果像第 11 行代码那样,通过一个不存在的索引值去访问 Series 类型的对象,就会抛出异常。

在通过 index 对象创建索引时，是允许索引值相同的。比如第 12 行定义 series2 对象的索引，出现了多个相同的 'b' 值。对此，如果像第 20 行的代码那样使用重复的索引值获取数据，则会得到该索引值对应的全部数值。

第 22 行代码演示了如何通过 drop 方法删除由索引指定的数值。需要注意的是，调用该方法删除数值时，需要用另一个 Series 对象来接收。删除后通过第 28 行的 print 语句可看到 newSeries 对象中已经没有了被删的数值。

3.1.4　Series 切片操作

针对 Series 类型的对象，可以通过切片的方式截取其中的部分数据，以下的 Slice.py 范例程序演示了如何使用这种切片操作。

```
Slice.py
1    import pandas as pd      # 导入 Pandas
2    mySeries=pd.Series([0,1,2,3,4,5,6])
3    # 输出[1 2 3]，不包含索引值2指定的元素
4    print(mySeries[1:4].values)
5    # [3 4 5 6]，从索引值3到末尾
6    print(mySeries[3:].values)
7    # [2 3 4 5]，从索引值2到从右边数起第1个元素，但不包含终止索引值所对应位置的元素
8    print(mySeries[2:-1].values)
9    seriesWithIndex= pd.Series([0,1,2,3,4], index=['b','a', 'c', 'd', 'e'])
10   # 输出[0 1 2 3]，包含终止索引的位置
11   print(seriesWithIndex['b':'d'].values)
```

本范例程序第 2 行定义的 mySeries 对象没有用 index 参数指定索引，所以会采用默认的从 0 开始的数字序列索引，之后的第 4 行到第 8 行代码演示了用冒号形式对 Series 对象进行切片操作的方式，请注意切片起始和终止数字是指从 0 开始的数字序列索引。这里切片操作的规则和对 ndarray 对象的切片操作规则完全一样。

第 9 行创建的 seriesWithIndex 对象，通过 index 参数指定了索引序列，第 11 行的切片代码是通过自定义的索引值来指定切片的起始值和终止值。在这种情况下，切片后的数据会包含终止索引值对应位置的元素，比如这里就包含了索引值 'd' 对应的元素 3。

和 ndarray 对象一样，对 Series 对象进行切片操作获得的切片数据也会和原数据共享内存，即对原数据的修改会影响到切片获得的数据，反之亦然。如果要消除这种相互影响，同样可以通过 copy 方法创建副本，以下的 SliceCopy.py 范例程序演示了"共享内存"和"创建副本"的操作。

```
SliceCopy.py
1    import pandas as pd # 导入 Pandas
2    series=pd.Series([0,1,2,3,4,5])
3    newSeries = series[0:3]
4    # 下面的打印语句输出[0 1 2]
```

```
5   print(newSeries[0:3].values)
6   series[0]=500    # 改变了原 Series 中的元素
7   # 下面的打印语句输出[500    1]
8   print(newSeries[0:2].values)
9
10  # 对原 mySeries 进行了复制
11  copiedSeries = series.copy()
12  # 对复制后的 Series 进行切片
13  newCopiedSeries = copiedSeries[0:3]
14  # 下面的打印语句输出[500    1    2]
15  print(newCopiedSeries.values)
16  series[1]=100     # 修改原 Series
17  # 还是输出[500    1    2]，对原值的修改不会影响到复制后的对象
18  print(newCopiedSeries.values)
```

本范例程序的第 2 行代码对 series 进行了切片操作，第 6 行的代码改变了原对象中的值，通过对比第 5 行和第 8 行的打印结果，我们可以发现对原对象的修改影响到了切片对象。

为了避免这种相互影响的问题，可以像第 11 行代码那样，先对原对象调用 copy 方法，创建副本 copiedSeries，然后在第 13 行对副本进行操作。

第 16 行的代码虽然还是对原对象进行了修改，但从第 15 行和第 18 行的输出结果中可以看到，对原对象的修改并没有影响到副本对象 newCopiedSeries。

3.1.5 Series 布尔索引过滤操作

Series 对象也能同 ndarray 对象一样，通过布尔索引按条件过滤数据，从而获取满足条件的数据。以下的 BoolDemo.py 范例程序演示了对 Series 对象通过布尔索引按条件过滤数据。

BoolDemo.py
```
1   # coding=utf-8
2   import pandas as pd      # 导入 Pandas
3   series = pd.Series([0, 1, 2, 3, 4], index=['a', 'b', 'c', 'd', 'e'])
4   '''
5   下面的打印语句输出如下
6   a    False
7   b    False
8   c    False
9   d    False
10  e     True
11  dtype: bool
12  '''
13  print(series > 3)
14  # 下面的打印语句输出[4]
15  print(series[series > 3].values)
16  # 下面的打印语句输出 Index(['e'], dtype='object')
```

```
17  print(series[series > 3].index)
```

本范例程序的第 3 行代码定义了一个 Series 类型的对象，随后在第 13 行通过 series>3 表达式得到了一个包含 True 和 False 的对象，从第 6 行到第 11 行的注释可知，数值大于 3 的位置所对应的布尔值是 True，反之则为 False。

第 15 行代码输出了由 series>3 所生成的 Series 对象的 values 值，从第 14 行的注释可知第 15 行代码的输出结果是 4。

第 17 行代码输出了由 series>3 所生成的 Series 对象的 index 值，具体的输出如第 16 行的注释所示。

3.1.6　Series 遍历操作

在数据分析的应用场景中，经常需要通过遍历 Series 里的数据找到所需的值，以下的 VisitSeries.py 范例程序演示了通过 for 循环遍历 Series 对象的常规做法。

```
VisitSeries.py
1    import pandas as pd # 导入 Pandas
2    series = pd.Series([0, 1, 2, 3, 4], index=['a', 'b', 'c', 'd', 'e'])
3    for index, value in series.items():
4        print('index is: ', index, 'value is : ', value)
```

本范例程序的第 2 行语句创建了一个名为 series 的对象，第 3 行和第 4 行代码通过 for 循环依次遍历了这个对象，并输出了该 Series 类型对象的索引和值。

3.2　DataFrame 对象及操作

DataFrame 是 Pandas 中的一个表格型的数据结构，它以行和列的表格形式来存储数据，在存储数据时，可以为每一行和每一列数据设置索引，称为行索引和列索引。我们可以将 DataFrame 理解为 Series 的容器。

由于 DataFrame 对象能存储和管理二维表格类型的数据，因此它在数据分析应用中的使用频率比之前介绍的 Series 对象的使用频率高。本节将详细介绍 DataFrame 对象的常见用法。

3.2.1　创建 DataFrame 对象

在数据分析应用场景中，可以用直接传入数据的方式来创建 DataFrame 对象，也可以通过传入字典类型数据的方式来创建 DataFrame 对象，如下的 CreateDataFrame.py 范例程序演示了这两种创建方法。

```
CreateDataFrame.py
1    import pandas as pd      # 导入 Pandas
2    simpleDf=pd.DataFrame([[1,2],[3,4],[5,6]],
3                     index=list('abc'),columns=list('01'))
4    '''下面的打印语句输出如下
5       0  1
6    a  1  2
7    b  3  4
8    c  5  6
9    '''
10   print(simpleDf)
11   studentDict={'name':['Mary','Tim','Mike'],'age':[19,20,21],'score':
     [88,90,92]}
12   studentDf=pd.DataFrame(studentDict)
13   '''下面的打印语句输出如下
14      name  age  salary
15   0  Peter  17   1000
16   1    Tom  25   1500
17   2   John  23   2000
18   '''
19   print(studentDf)
20   # 下面的打印语句输出 RangeIndex(start=0, stop=3, step=1)
21   print(studentDf.index)
22   # 下面的打印语句输出 Index(['name', 'age', 'score'], dtype='object')
23   print(studentDf.columns)
```

本范例程序的第 2 行代码通过传入数据创建 DataFrame 类型的 simpleDf 对象，请注意在传入参数时，指定行和列索引的 index 和 columns 参数。

随后的第 10 行代码通过 print 语句输出了 DataFrame 类型。从第 5 行到第 8 行注释的输出结果可知，该 DataFrame 类型的数据是由行和列构成的，每行对应的索引是由 index 参数指定的 abc，每列的索引是由 columns 参数指定的 01。

第 12 行代码以传入字典类数据参数的方式创建 DataFrame。这种创建 DataFrame 的方式，行索引 index 一般是从 0 开始的数字序列，列索引一般是字典对象里的键。

通过本范例程序可知，DataFrame 对象存储和管理数据的方式同 Excel 或 CSV 格式的文件很相似，都是采用二维表格的方式，所以通过该对象可以高效地同各种数据源文件交互，并有效地存储表格类型的数据。

3.2.2　提取 DataFrame 对象的数据

提取 DataFrame 对象的数据可以通过 DataFrame 对象提供的 iloc 方法和 loc 方法来访问 DataFrame 中的元素，在访问时，需要同时提供行索引和列索引这两个参数值：

- iloc 通过行索引值和列索引值来定位，所以参数是整型。

- loc 是通过行索引名和列索引名来定位，所以参数是索引名。

以下的 DataFrameLocate.py 范例程序演示了如何用 iloc 方法和 loc 方法访问 DataFrame 中的元素，从中可以看到调用这两个方法访问 DataFrame 中元素的差异。

```
DataFrameLocate.py
1    import pandas as pd      # 导入 Pandas
2    studentDict={'name':['Mary','Tim','Mike'],'age':[19,20,21],'score':
     [88,90,92]}
3    index=['a','b','c']
4    studentDf=pd.DataFrame(studentDict,index=index)
5    '''下面的打印语句输出如下
6       name   age   salary
7    a  Peter  17    1000
8    b  Tom    25    1500
9    c  John   23    2000
10   '''
11   print(studentDf)
12   print(studentDf.iloc[0,0])          # 输出 Peter
13   print(studentDf.loc['a','name'])    # 输出 Peter
```

本范例程序的第 4 行代码创建的 studentDf 对象是基于第 2 行定义的字典类对象 studentDict 的，而且在创建时，还通过 index 参数指定了行索引。

第 12 行调用 iloc 方法访问 DataFrame 对象时，参数使用的都是数字，两个数字参数分别表示行索引值和列索引值，而在第 13 行通过 loc 方法访问 DataFrame 对象时，是以行索引名和列索引名来定位对象中的元素。

在数据分析场景中，可以根据 DataFrame 行索引和列索引的实际情况，合理地选用上述两种方法定位 DataFrame 中的元素。

3.2.3　遍历 DataFrame 对象

在诸多数据分析的应用场景中，一般需要通过遍历 DataFrame 对象获取并分析其中的数据。以下的 VisitDF.py 范例程序演示了如何通过 for 循环遍历 DataFrame 对象。

```
VisitDF.py
1    import pandas as pd      # 导入 Pandas
2    studentDict={'name':['Mary','Tim','Mike'],'age':[19,20,21],'score':
     [88,90,92]}
3    index=['a','b','c']
4    studentDf=pd.DataFrame(studentDict,index=index)
5    # 通过 for 循环遍历
6    for row in studentDf.itertuples():
7        print(getattr(row, 'name'), getattr(row, 'age'),getattr(row,
         'score'))
```

本范例程序的第 4 行语句创建一个名为 studentDf 的 DataFrame 类型的对象，随后使用第 6 行的 for 循环，调用 itertuples 方法依次遍历 studentDf 对象中的各行数据，在遍历时，调用 getattr 方法获取每行的 name、age 和 score 等数据。

3.2.4 排序 DataFrame 中的数据

在数据分析的应用场景中，经常需要对数据进行排序后再展示，比如在用 DataFrame 对象存储学生对象后，会对成绩降序排列后再展示。如下的 SortDF.py 范例程序演示了如何对 DataFrame 对象进行排序。

```
SortDF.py
1    import pandas as pd      # 导入 Pandas
2    studentDict={'name':['Mary','Tim','Mike'],'age':[19,20,21],'score':
     [88,90,92]}
3    index=['a','b','c']
4    studentDf=pd.DataFrame(studentDict,index=index)
5    # 按值排序
6    sortedDf = studentDf.sort_values(by=["score"] , ascending=False)
7    print(studentDf)     # 原序列数据不变
8    print(sortedDf)      # 按 score 降序排列
9    sortedDf = studentDf.sort_index(ascending=False)
10   print(studentDf)     # 原序列不变
11   print(sortedDf)      # 按索引降序排列
```

本范例程序第 6 行的 sort_values 方法可以对 DataFrame 对象指定的列进行排序，在本例中是对 studentDf 对象的 score 通过 ascending=False 的方式进行降序排列。如果要进行升序排列，可以把 ascending 参数设置成 True。

在通过该方法进行排序时请注意，发起排序的原对象 studentDf 本身不会排序，而需要用到新的对象，比如用 sortedDf 对象来接收排序的结果，从第 7 行和第 8 行的 print 语句输出结果即可看到这一点。

除了可以对 DataFrame 对象中的指定列进行排序外，还可以通过 sort_index 方法对其索引进行排序，具体代码如第 9 行所示。由于 studentDf 对象对应的索引是 abc，而表示排序方式的 ascending 参数取值也是 False，因此会对索引进行降序排列，如第 11 行语句。

3.2.5 以列为单位操作 DataFrame 数据

DataFrame 对象的同一列数据，一般都具有相同的含义，比如在范例程序 SortDF.py 中用列的形式存储学生姓名、年龄和成绩数据。

DataFrame 提供了以整列为单位的运算方式，比如对成绩列增加 10%，或把年龄列的所有数据加 1。如下的 DataFrameSetCol.py 范例程序演示了如何以列为单位操作 DataFrame 数据。

```
DataFrameSetCol.py
1    import pandas as pd     # 导入 Pandas
2    studentDict={'name':['Mary','Tim','Mike'],'age':[19,20,21],'score':
     [88,90,92]}
3    studentDf=pd.DataFrame(studentDict)
4    studentDf['age'] = studentDf['age']+1
5    studentDf['score'] = studentDf['score']*1.1
6    '''通过 for 循环输出如下的数据
7    Mary 20 96.80000000000001
8    Tim 21 99.00000000000001
9    Mike 22 101.2
10   '''
11   for row in studentDf.itertuples():
12       print(getattr(row, 'name'), getattr(row, 'age'),getattr(row, 'score'))
```

本范例程序中,第 4 行和第 5 行代码表示对 studentDf 对象的 age 和 score 这两列进行整体的运算,并把运算结果赋值给 age 和 score 列。通过第 11 行和第 12 行的 for 循环输出语句可以看到更新后的结果。

在数据分析应用场景中,如果要对整列进行运算,没有必要逐行逐列遍历并修改数据,可以采用本范例程序中给出的方法以列为单位修改数据。

此外,在使用 DataFrame 对象分析数据的过程中,有可能需要新创建列以保存中间的计算结果,或者删除不再使用的列,如下的 HandleColInDF.py 范例程序演示了如何新创建列和删除列。

```
HandleColInDF.py
1    import pandas as pd     # 导入 Pandas
2    studentDict={'name':['Mary','Tim','Mike'],'age':[19,20,21],'score':
     [88,90,92]}
3    studentDf=pd.DataFrame(studentDict)
4    # 新创建一列
5    studentDf['scoreBak']=studentDf['score']
6    print(studentDf)      # 能看到新创建的一列
7    studentDf['score'] = studentDf['score']+5   # 更新成绩
8    del studentDf['scoreBak'] #删除列
9    print(studentDf)      # 能确认 scoreBak 列被删除
```

本范例程序的第 5 行语句演示了如何给新创建的列 scoreBak 赋值,这里新创建的 scoreBak 列的值等同于 score 列的值,通过第 6 行的 print 语句可看到新创建的 scoreBak 列以及其中的数据。

第 8 行的 del 方法可以用来删除 DataFrame 对象中指定的列,比如这里删除了 scoreBak 列,第 9 行的 print 语句可验证删除列之后的结果。

3.2.6　分析统计 DataFrame 数据

在 DataFrame 对象中存储数据后,可以调用对应的数据分析方法对其中的数据进行各种统计操作。如下的 CalDF.py 范例程序演示了如何对 DataFrame 对象中的数据进行统计计算。

```
CalDF.py
1   import pandas as pd      # 导入 Pandas
2   studentDict={'name':['Mary','Tim','Mike'],'age':[19,20,21],'score':
    [88,90,92]}
3   studentDf=pd.DataFrame(studentDict)
4   print(studentDf['score'].sum())        # 求和
5   print(studentDf['score'].count())      # 求个数
6   print(studentDf['score'].mean())       # 求平均数
7   print(studentDf['score'].max())        # 求最大值
8   print(studentDf['score'].min())        # 求最小值
9   print(studentDf['score'].var())        # 求方差
10  print(studentDf['score'].std())        # 求标准差
```

本范例程序的第 4 行到第 10 行语句分别是对 DataFrame 中数据进行求和等分析统计操作，其主要的操作方式是"对象名[列名].方法名"，在本书后文的数据分析案例中，就会大量用到此处演示的对 DataFrame 对象中的数据进行分析、统计和处理的方法。

3.3　DataFrame 同各种文件交互

DataFrame 以表格的形式存储二维表格式的数据，在实际项目中，经常需要同 CSV 等格式的文件进行交互，比如从文件里读取数据并把处理结果写入文件。本节将通过范例讲述 DataFrame 对象同 CSV 和 JSON（JavaScript Object Notation）格式文件进行交互的要点。

3.3.1　把 DataFrame 数据导入 CSV 文件

和 Excel 格式的文件相比，CSV 文件用轻量级的方式来存储和传输数据，该类型的文件具有如下两大特性：

- 第一，每行存储一条数据记录，而且每条数据记录里的字段类型相同。
- 第二，每行中不同类型的字段是用逗号等分隔符来分隔，存储在不同行里的多条数据用换行符来分隔。

在数据分析项目中，经常会把 DataFrame 对象里的数据转换成 CSV 格式的文件，或把 CSV 文件里的数据导入 DataFrame 对象。如下的 DFToCsv.py 范例程序演示了如何把 DataFrame 数据存入 CSV 文件。

```
DFToCsv.py
1   import pandas as pd      # 导入 Pandas
2   studentDict={'name':['Mary','Tim','Mike'],'age':[19,20,21],'score':
```

```
        [88,90,92]}
3       studentDf=pd.DataFrame(studentDict)
4       studentDf.to_csv ("d:\\work\\student.csv" )
5       studentDf.to_csv("d:\\work\\studentNoIndex.csv",index=None)
6       studentDf.to_csv("d:\\work\\studentNoHead.csv", header=None)
7       studentDf.to_csv("d:\\work\\studentNoHeadAndIndex.csv",index=None,
        header= None)
```

本范例程序的第 4 行到第 7 行的代码通过 DataFrame 对象的 to_csv 方法，把第 3 行创建的 studentDf 对象中的学生数据保存到 d:\work 目录里的 student.csv 文件中。

运行本范例后，能创建多个文件，如果用 Excel 打开 student.csv 文件，可以看到如图 3.1 所示的数据。从图中可以看到，该 CSV 文件保存了数据的行索引和列索引的内容。

studentNoIndex.csv 文件的内容如图 3.2 所示，由于在创建该 CSV 文件时传入了 index=None 参数，因此在该文件里只有列索引，没有行索引。

	A	B	C	D
		name	age	score
0		Mary	19	88
1		Tim	20	90
2		Mike	21	92

	A	B	C
1	name	age	score
2	Mary	19	88
3	Tim	20	90
4	Mike	21	92

图 3.1　student.csv 文件数据的效果图　　　　图 3.2　studentNoIndex.csv 文件数据的效果图

studentNoHead.csv 文件的内容如图 3.3 所示，由于在创建该文件时传入了 header=None 参数，因此在该文件里只有行索引，没有列索引。

studentNoHeadAndIndex.csv 文件的内容如图 3.4 所示，该文件没有行索引和列索引。

	A	B	C	D
1	0	Mary	19	88
2	1	Tim	20	90
3	2	Mike	21	92

	A	B	C
1	Mary	19	88
2	Tim	20	90
3	Mike	21	92

图 3.3　studentNoHead.csv 文件数据的效果图　　　图 3.4　studentNoHeadAndIndex.csv 文件数据的效果图

3.3.2　把 CSV 数据导入 DataFrame 对象

在数据分析的应用场景中，同样经常需要把 CSV 文件中的数据导入 DataFrame 对象。在大多数的 CSV 文件中，一般会包含列索引（参考图 3.2），但不包含行索引。如下的 CsvToDf.py 范例程序演示了如何从 CSV 文件中导入数据到 DataFrame 对象。

```
CsvToDf.py
1       import pandas as pd      # 导入 Pandas
2       studentDf = pd.read_csv("d:\\work\\studentNoIndex.csv")
3       '''下面的打印语句输出如下
4          name  age  score
5       0  Mary   19     88
6       1   Tim   20     90
```

```
7    2 Mike   21     92
8    '''
9    print(studentDf) #会自动填充行索引
```

本范例程序的第 2 行代码通过调用 DataFrame 对象的 read_csv 方法，从指定的文件中读取数据并导入 DataFrame 类型的 studentDf 对象。

从第 4 行到第 7 行的输出结果可以看到，虽然该 CSV 文件中没有行索引，但在导入数据时会用从 0 开始的数字序列填充每行数据的行索引。

3.3.3　把 DataFrame 数据导入 JSON 文件

JSON 也是一种用于交换数据的文件，以下的 DFToJSON.py 范例程序演示了如何通过调用 to_json 方法把 DataFrame 中存储的数据导入 JSON 格式文件。

```
DFToJSON.py
1    import pandas as pd      # 导入 Pandas
2    studentDict={'name':['Mary','Tim','Mike'],'age':[19,20,21],'score':
     [88,90,92]}
3    studentDf=pd.DataFrame(studentDict)
4    studentDf.to_json("d:\\work\\student.json" )
```

本范例程序的第 4 行代码通过调用 to_json 方法，把第 3 行创建的 studentDf 对象中的数据导入 d:\work 目录里的 student.json 文件。

运行本范例程序后打开该 JSON 文件，可以看到如下的结果：

```
{"name":{"0":"Mary","1":"Tim","2":"Mike"},"age":{"0":19,"1":20,"2":21},
"score":{"0":88,"1":90,"2":92}}
```

由此可见，DataFrame 对象中的数据被成功地导入到了 JSON 文件中。

3.3.4　把 JSON 数据导入 DataFrame 对象

在一些数据分析的应用场景中，可以通过调用 DataFrame 对象的 read_json 方法，把 JSON 文件中的数据导入 DataFrame 对象。如下的 JSONToDF.py 范例程序演示了如何把 JSON 文件中的数据导入 DataFrame 对象。

```
JSONToDF.py
1    import pandas as pd      # 导入 Pandas
2    studentDf = pd.read_json("d:\\work\\student.json")
3    '''下面的打印语句输出如下
4       name  age  score
5    0  Mary  19    88
6    1   Tim  20    90
7    2  Mike  21    92
```

```
8   '''
9   print(studentDf)
```

本范例程序的第 2 行代码通过调用 read_json 方法，把指定路径里的 JSON 文件读入 studentDf 对象，从第 4 行到第 7 行的注释列出了导入 JSON 数据后 DataFrame 类型对象的输出结果。

3.4　动 手 练 习

1. 通过 seriesVal=pd.Series([1,2,3,4])代码创建一个 Series 类型的对象，并通过 print 语句输出该对象的索引和数值。

2. 创建一个名为 empDF 的 DataFrame 类型的对象，在其中存储如下格式的员工数据：

```
{'name':['Tom','Peter','Johnson'],'age':[24,25,27],'salary':[8000,9000,110
00]}
```

创建后通过 iloc 方法和 loc 方法，逐行逐列地输出该 empDF 对象中的数据。

3. 把第 2 题创建的 empDF 对象中的数据导入 d:\work 目录里的 empJSON.json 和 empCsv.csv 文件，导入后，用名为 jsonDF 的 DataFrame 类型对象读取 empJSON.json 文件中的数据，用名为 csvDF 的 DataFrame 类型的对象读取 empCsv.csv 文件中的数据。

4. 以列操作的方式，把第 2 题创建的 empDF 对象中的三组数据的 age 值都加 2，把三组数据的 salary 数值都加 500，随后按 3.2.3 节给出的方法，遍历并输出该 empDF 对象中的所有数据。

第 4 章

数据可视化库之 Matplotlib

本章内容：

- 绘制各类图形
- 设置坐标
- 增加可视化美观效果
- 设置子图效果
- 高级图表的绘制方式

在用 NumPy 和 Pandas 对数据进行处理之后，如果要将数据用可视化图表展示出来，就会使用到强大的 Matplotlib 工具。

Matplotlib 是 Python 的 2D 绘图库，通过引用 Matplotlib，开发者只需要几行代码便可以生成包括直方图、功率谱、条形图、误差条图、散点图等图形，方便且高效，Matplotlib 已成为当今数据可视化领域最重要的工具之一。

本章首先讲述 Matplotlib 绘制基本图形和坐标轴的相关技巧，然后从实用角度，讲述增加可视化美观效果和散点图等高级图表的绘制方法。通过本章的学习，读者能够全面掌握数据可视化的实用技巧。

4.1　绘制各类图形

本节我们将介绍使用 Matplotlib 库绘制各种图形的方法，读者应当关注绘制各种图形的 API 以及绘制图形时通用属性参数的设置方法。

4.1.1　绘制折线图

在绘制折线图时，一般会从数组对象里读取 x 轴和 y 轴的相关数据，再通过 Matplotlib 库的 plot 方法来绘制。如下的 DrawPlot.py 范例程序演示了绘制折线图的常规办法。

```
DrawPlot.py
1    from matplotlib import pyplot as plt
2    import matplotlib   # 导入 Matplotlib 库
3    import numpy as np  # 导入 NumPy 库
4    # 设置 x 轴和 y 轴的坐标
5    x = np.arange(1,10,2)
6    y = np.array([4,14,10,17,20])
7    # 调用 plot 方法绘制折线
8    plt.plot(x,y)
9    plt.show()  # 展示折线
```

本范例程序通过第 1 行和第 2 行代码导入了绘制折线所需的 Matplotlib 库和 NumPy 库，因为 plot 方法是封装在 Matplotlib 库的 Pyplot 模块中的。

第 5 行和第 6 行代码设置了折线各点的 x 轴和 y 轴坐标，其中 x 轴坐标各值是通过 arange 方法创建的序列数组，而 y 轴是指定的数字。

完成设置后，通过第 8 行的 plot 方法绘制了折线，该折线的第一个点的坐标是 (1,4)，分别取 x 和 y 参数的第一个数值，后面各点的坐标数值，以此类推。

通过调用 plot 等相关方法完成绘图后，需要调用第 9 行的 plt.show 方法显示图像。运行本范例程序后，可看到如图 4.1 所示的折线图，该折线是由第 5 行和第 6 行程序代码给出的坐标点连接而成的。

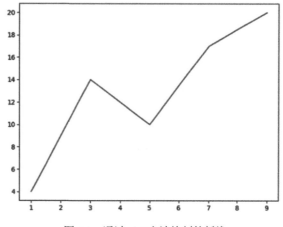

图 4.1　通过 plot 方法绘制的折线

4.1.2   绘图时的通用属性参数

在绘制折线图的范例中，只是制定了坐标值，并没有设置诸如线条类型、宽度和颜色等属性，因为 Matplotlib 库在绘制时，用的是默认的设置。

其实，在调用 plot 方法绘图时，可以通过可变参数**kwargs 来设置线条的属性，常用属性如表 4.1 所示。

表 4.1   Matplotlib 库的常用属性

属 性 名	含 义
color	线条颜色
linewidth	线条宽度
linestyle	线条样式
marker	标记方式
alpha	透明度，取值范围从 0 到 1，值越小越透明

如下的 DrawPlotWithStyle.py 范例程序演示了在绘制折线图时如何通过**kwargs 参数设置线条属性。

```
DrawPlotWithStyle.py
1    from matplotlib import pyplot as plt
2    import matplotlib
3    import numpy as np
4    # 设置 x 轴和 y 轴的坐标
5    x = np.arange(1,10,2)
6    plt.plot(x,x*0.5,color='#fe3413',linewidth='4',linestyle=':',alpha=0.2)
7    plt.plot(x,x,color='blue',linewidth='3',linestyle='--',marker='o',
     alpha=0.5)
8    plt.plot(x,x*1.5,color='pink',linewidth='5',linestyle='-.',marker='v',
     alpha=0.8)
9    plt.show()
```

本范例程序的第 6 行到第 8 行代码通过调用 plot 方法分别绘制了 y=0.5x、y=x 和 y=1.5x 这三条折线，其中 x 的值如第 5 行代码所示。在调用的三个 plot 方法中是通过可变参数设置了线条的若干属性，本范例程序的运行效果如图 4.2 所示。

其中，第 6 行代码绘制了 y=0.5x 折线条，其中通过 alpha 设置了透明度，通过 color 设置了颜色，通过 linewidth 设置了线宽，通过 linestyle=':' 设置了线条样式为虚线。

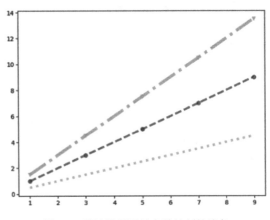

图 4.2   通过设置属性参数绘制的线条

第 7 行代码绘制了 y=x 折线条，除了设置颜色、宽度和透明度外，还通过 linestyle='--'设置了该折线类型为破折线，通过 marker='o'设置了实心圆标记。

第 8 行代码绘制了 y=1.5x 折线条，除了设置颜色、宽度和透明度外，还通过 linestyle='-.'设置了线条类型为点划线，通过 marker='v'设置了倒三角标志。

此外，在用 Matplotlib 绘制柱状图等其他类型的图形时，同样可以通过上述方法来设置线条的样式，从而达到让图形更加美观的效果。

4.1.3　绘制柱状图

柱状图也叫条状图，是一种以高度为变量的统计图表，用以展示不同统计数据之间的差异。在 Matplotlib 库里，用来绘制柱状图的方法的原型如下：

```
matplotlib.pyplot.bar(left, height, alpha=1, width=0.8, color=, edgecolor=,
label=, lw=3)
```

其中，left 表示 x 轴的位置序列，height 表示 y 轴即柱状图高度的数值序列，请注意这里 left 和 height 参数都是数字序列，其中的数值个数需要相同。

alpha 表示柱状图的透明度，width 表示柱形图的宽度，color 参数表示柱形图的填充色，edgecolor 参数表示柱状图的边缘颜色，label 参数用来设置图例，而 lw 参数则表示线的宽度。

如下的 DrawBarDemo.py 范例程序演示了用柱状图绘制"各班平均分"的可视化效果。

```
DrawBarDemo.py
1   import matplotlib.pyplot as plt
2   x=[1,2,3,4]            # x 轴刻度
3   y=[98,92,100,90]      # y 轴刻度
4   color=['red','green','blue','pink']
5   x_label=['class1','class2','class3','class4']
6   # 绘制 x 轴刻度标签
7   plt.xticks(x, x_label)
8   # 绘制柱状图
9   plt.bar(x, y,color=color,edgecolor='yellow')
10  plt.show()
```

本范例程序的第 2 行和第 3 行代码设置了柱状图 x 轴和 y 轴的数值，其中 y 轴是各班的平均分，第 4 行的代码指定了列表。

为了直观地在 x 轴上展示班级名称，第 7 行代码调用 xticks 方法设置了由第 5 行指定的 x 轴标签文字，随后在第 9 行通过调用 bar 方法绘制了柱状图，绘制时传入了所需的诸多参数。运行本范例程序，可看到如图 4.3 所示的效果。

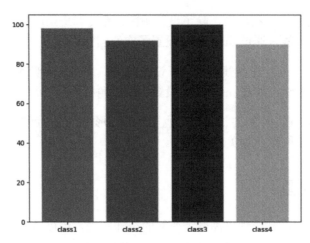

图 4.3   以柱状图展示班级平均分

由于本范例程序通过 xticks 方法设置了 x 轴的标签文字，因此 x 轴展示的不是数字，而是第 5 行指定的标签文字。四个柱状图的外框颜色都是黄色，而且颜色与所传入的 color 参数列表值相符。

4.1.4   绘制饼图

在数据分析的应用场景中，饼图能直观地展示统计数据中每一项相对于总数的比例。Matplotlib 库提供的 pyplot.pie 方法可以用来绘制饼图，绘制饼图时一般需要传入如表 4.2 所示的参数。

表 4.2   绘制饼图的 pie 方法的常用参数及含义

参　　数	含　　义
label	说明文字
sizes	每个统计项的数字
explode	离开中心点的位置
radius	半径
colors	每块饼图的颜色
startangle	起始角度，默认图是从 x 轴正方向逆时针画起，这里设置为 45，表示从 x 轴逆时针方向 45 度开始画起

如下的 DrawPieDemo.py 范例程序演示了用饼图展示某家庭各项支出的数据统计效果。

```
DrawPieDemo.py
1    import matplotlib.pyplot as plt
2    items = ['food','education','books','car','others']
3    sizes = [4500,3000,500,4000,500]
4    explode = (0,0.1,0.1,0.1,0.1)
5    colors=['blue','red','green','yellow','pink']
6    plt.pie(sizes,explode=explode,labels=items,startangle=45,colors=colors)
7    plt.show()
```

本范例程序的第 2 行代码通过 items 变量设置了每块饼图的说明文字，第 3 行代码设置了每块饼图的数值，第 4 行代码设置了每块饼图离开圆心的位置，其中除了第一块以外，其他都是离开圆心 0.1，第 5 行代码设置了每块饼图的颜色。

第 6 行代码调用 pie 方法绘制饼图时，除了传入上述参数外，还用 startangle 参数指定了起始角度。运行本范例程序之后，可看到如图 4.4 所示的效果。

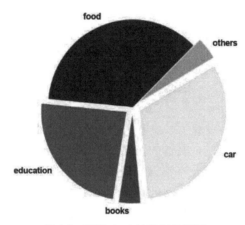

图 4.4　调用 pie 方法绘制的饼图

4.1.5　绘制直方图

直方图和柱状图都是由若干长方形构成的，但它们之间的统计意义是不同的。柱状图是用来表现每个分类的数值，而直方图则用来展现各数值在每个区间的分布情况。

直方图是用 x 轴表示数据区间，用 y 轴表示该区间的数据分布状况。Matplotlib 库提供的绘制直方图的 hist 方法的原型如下：

```
pyplot.hist(x,bins=None,density=None, histtype='bar', align='mid',
color=None, label=None)
```

表 4.3 给出了绘制直方图的 hist 方法的相关参数及其说明。

表 4.3　绘制直方图的 hist 方法的常用参数及说明

参　　数	说　　明
x	x 轴的数值
bins	柱状图的个数
histtype	直方图的形状，可选'bar'、'barstacked'、'step'、'stepfilled'，默认是'bar'，'step'为梯形状，'stepfilled'为对梯状内部进行填充
align	可选'left'、'mid'或'right'，默认是'mid'，用来控制柱状图的水平分布，如果选 'left' 或 'right'，会有部分空白区域，推荐使用默认设置
color	直方图的颜色
density	布尔类型，默认是 False，表示展示频数统计结果，为 True 则展示频率统计结果
label	标签文字，展示图标时能用到

如下的 DrawHistDemo.py 范例程序演示了用直方图绘制某次考试成绩在各区间内个数的效果图。

```
DrawHistDemo.py
1    import matplotlib.pyplot as plt
2    import numpy as np
3    # 分数明细
4    x=[91,84,74,81,90,78,75,93,96,73,78,91,89]
5    # 设置连续的边界值，即直方图的分布区间
6    bins=np.arange(70,101,10)
7    # 绘制直方图
8    plt.hist(x,bins,color=red)
9    plt.show()
```

本范例程序的第 4 行代码设置了本次考试的具体成绩数值，第 6 行代码给出了待统计的区间范围，由 np.arange 方法指定，具体的区间是[70,80]一直到[90,100]，第 8 行代码通过 x、bins 和 color 参数绘制直方图。运行本范例程序之后，可以看到如图 4.5 所示的效果。

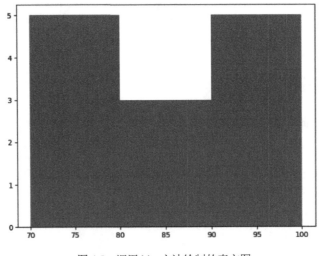

图 4.5   调用 hist 方法绘制的直方图

其中 x 轴的区间如第 6 行代码所设，分别从 70 到 100，比如在第 4 行给出的成绩数值里，70 分到 80 分的数值有 5 个，所以该块直方图的 y 轴高度是 5，而 90 分到 100 分也有 5 个，所以该块高度也是 5，以此类推能理解其他区间内数值的含义。

4.2 设 置 坐 标

如果在可视化图表里设置坐标轴的信息，那么就可以让图表更加直观，本节将介绍如何调用 Matplotlib 库中的方法来设置坐标轴的效果。

4.2.1　设置 x 坐标和 y 坐标的标签文字

在前一节的范例程序中，x 轴和 y 轴上展示的大多是数字。为了更直观地展示效果，还可以在 x 轴和 y 轴上展示文字。如下的 AxisLabelDemo.py 范例程序将演示在直方图的 x 轴和 y 轴上增加中文标签。

```
AxisLabelDemo.py
1    import matplotlib.pyplot as plt
2    import numpy as np
3    x=[91,84,74,81,90,78,75,93,96,73,78,91,89]
4    bins=np.arange(70,101,10)
5    # 绘制直方图，统计各个区间的数值
6    plt.hist(x,bins,color='red')
7    # 设置中文
8    plt.rcParams['font.sans-serif']=['SimHei']
9    plt.xlabel('成绩分组')
10   plt.ylabel('该区间内成绩的数量')
11   plt.show()
```

本范例程序在绘制直方图的过程中，除了通过第 3 行和第 4 行的代码设置了成绩和分组等参数外，还通过第 9 行和第 10 行的代码调用 xlabel 和 ylabel 方法设置了 x 轴和 y 轴的文字。需要说明的是，为了展示中文字符，需要用第 8 行的代码设置字体。

本范例程序的运行效果如图 4.6 所示，从中能看到 x 轴和 y 轴上有中文标签的效果。

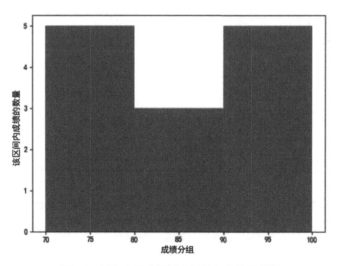

图 4.6　以中文形式展示坐标轴文字的效果图

4.2.2　设置坐标范围

在展示坐标轴效果时，除了可以设置 x 轴和 y 轴的文字外，还可以调用 xlim 和 ylim 方法来设置 x 轴和 y 轴的展示范围。如下的 AxislimDemo.py 范例程序演示了如何调用这两个方法

来设置坐标轴的范围。

```
AxislimDemo.py
1    import matplotlib.pyplot as plt
2    import numpy as np
3    x = np.arange(-5,5,1)
4    plt.plot(x,1.5*x)
5    plt.xlim(-3,3)
6    plt.ylim(-4,4)
7    plt.show()
```

本范例程序的第 3 行通过调用 arange 方法设置了 x 轴的取值，第 5 行的代码调用 plot 方法绘制 y=1.5x 的折线。

如果在实际项目中，只想看 x 是-3 到 3 这段的图像，这时就可以通过第 5 行的 xlim 方法设置 x 轴的范围，并可以通过第 6 行的 ylim 方法，对应地设置 y 轴的范围。

运行本范例程序可看到如图 4.7 所示的效果，从中可看到 x 轴和 y 轴上的数值范围。

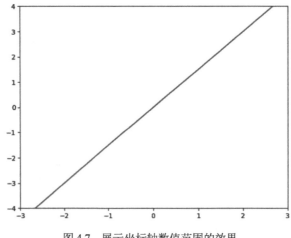

图 4.7　展示坐标轴数值范围的效果

4.2.3　设置主次刻度

在展示数据的应用场景中，如果坐标轴的刻度数字太密集，效果就很不美观，对此可以通过主刻度结合次刻度的方式来展示坐标轴的数字，如下的 AxisLocator.py 范例程序演示了如何实现这一需求。

```
AxisLocator.py
1    import numpy as np
2    import matplotlib.pyplot as plt
3    from matplotlib.ticker import MultipleLocator, FormatStrFormatter
4    xmajorLocator = MultipleLocator(4)          # x 轴主刻度是 4 的倍数
5    xmajorFormatter = FormatStrFormatter('%1.1f')  # x 轴标签格式
6    xminorLocator = MultipleLocator(1)          # x 轴次刻度是 1 的倍数
```

```
7    ymajorLocator = MultipleLocator(0.25)    # y轴主刻度是 0.25 的倍数
8    ymajorFormatter = FormatStrFormatter('%1.2f') # y轴标签格式
9    yminorLocator = MultipleLocator(0.1)     # y轴次刻度是 0.1 的倍数
10   x = np.arange(0, 20, 0.1)
11   # 设置子图，在 ax 里设置坐标轴刻度
12   ax = plt.subplot(111)
13   # 设置主刻度
14   ax.xaxis.set_major_locator(xmajorLocator)
15   ax.xaxis.set_major_formatter(xmajorFormatter)
16   ax.yaxis.set_major_locator(ymajorLocator)
17   ax.yaxis.set_major_formatter(ymajorFormatter)
18   # 设置次刻度
19   ax.xaxis.set_minor_locator(xminorLocator)
20   ax.yaxis.set_minor_locator(yminorLocator)
21   y = np.sin(x)    # 绘图
22   plt.plot(x,y)
23   plt.show()
```

本范例程序的第 4 行代码创建一个 MultipleLocator 类型的对象，通过该对象定义了刻度是 4 的倍数，该对象用于设置 x 轴的主刻度；第 5 行代码的 FormatStrFormatter 对象设置了标签文字的展示格式，%1.1f 表示以带一位小数的浮点型格式展示，这是用来定义展示 x 轴数字的格式；第 6 行代码通过 MultipleLocator 对象定义刻度是 1 的倍数，该对象用来展示 x 轴的次刻度。

设置完成后，第 14 行的代码调用 set_major_locator 方法，把以 4 为倍数的刻度 xmajorLocator 设置为 x 轴的主刻度，第 15 行的代码调用 set_major_formatter 方法把 xmajorFormatter 设置为 x 轴刻度的展示格式，即设置为带一位小数点的浮点数，第 19 行的代码设置了 x 轴的次刻度为 1 的倍数。

同样地，第 7 行到第 9 行的代码，设置了针对 y 轴的主次刻度以及格式展示方式，并通过第 16 行、第 17 行和第 20 行的代码把这些刻度应用到 y 轴上。

完成设置坐标轴后，通过第 21 行的代码绘制了 y= sinx 的图形，运行效果如图 4.8 所示。

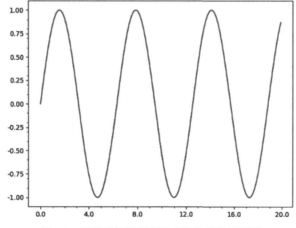

图 4.8　展示坐标轴刻度数字和格式的效果图

从图 4.8 可以看到，x 轴的主刻度是 4 的倍数，次刻度上虽然没有文字，但是以 1 为单位，x 轴刻度文字带一位小数。y 轴的主刻度是 0.25 的倍数，次刻度是 0.1 的倍数，带有两位小数，这符合本范例程序中代码的设置。

4.2.4　设置并旋转刻度文字

在之前的范例程序中，坐标轴上的文字大多是数字，而在一些数据分析可视化的应用场景中需要在坐标轴上展示文字，比如在表示股票收盘价的可视化效果图中，x 轴上需要展示日期。

此外，为了让坐标轴上的文字不过于密集，还需要将刻度文字旋转。如下的 RotationAxis.py 范例程序演示了如何在坐标轴上展示文字和旋转坐标轴上文字。

RotationAxis.py

```
1    import numpy as np
2    import matplotlib.pyplot as plt
3    # 折线图
4    x = np.array([1,2,3,4,5])
5    y = np.array([22,21.5,21.8,22.2,21.9])
6    plt.xticks(x, ('20220301','20220302','20220303','20220304','20220307'),
     rotation=45)
7    plt.yticks(np.arange(21,23,0.5),rotation=30)
8    plt.ylim(21,23)
9    # 设置中文
10   plt.rcParams['font.sans-serif']=['SimHei']
11   plt.xlabel("交易日期")
12   plt.ylabel("本日收盘价")
13   plt.plot(x,y,color="red")
14   plt.show()
```

本范例程序第 4 行和第 5 行代码设置了将要绘制的折线的每个点坐标值，随后通过第 6 行的代码调用 xticks 方法设置了 x 轴每个刻度的文字，并通过 rotation 参数设置了文字的旋转角度。

第 7 行代码调用 yticks 方法设置了 y 轴的刻度文字和旋转角度，第 8 行代码 ylim 方法设置了 y 轴的坐标范围。

此后通过第 11 行和第 12 行的代码设置了 x 轴和 y 轴的标签，并在第 13 行调用 plot 方法根据 x 和 y 的值，用折线绘制出了相关日期的收盘价。本范例程序的运行效果如图 4.9 所示。

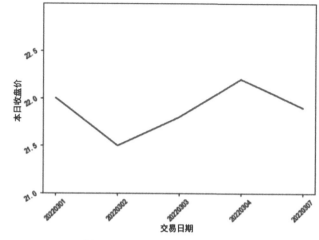

图 4.9 设置并旋转坐标轴的文字

4.3 增加可视化美观效果

为了让数据可视化的效果更加美观，可以在图表上设置图例和标题，同时可以再引入网格效果。在本节中，将介绍实现这些可视化美观效果的具体方法。

4.3.1 设置图例

如果要在同一个图表里设置多个描述数据的元素，那么可以通过添加图例的方式让图表更加直观。绘制图例的步骤一般是：在绘制折线等元素时加入 label 参数，同时通过调用 plt.legend 方法展示图例。如下的 LegendDemo.py 范例程序演示了引入图例的具体方法。

```
LegendDemo.py
1    import matplotlib.pyplot as plt
2    import numpy as np
3    x=np.arange(-5,6)
4    plt.xlim(-5,5)
5    plt.plot(x,x,color="green",label='y=x')
6    plt.plot(x,2*x,color="red",label='y=2x')
7    plt.plot(x,3*x,color="blue",label='y=3x')
8    plt.legend(loc='best')  # 绘制图例
9    plt.show()
```

本范例程序通过第 5 行到第 7 行的代码绘制了 3 条折线。在绘制折线时，通过 label 参数指定了当前折线的标签，随后再通过第 8 行的代码绘制图例。本范例程序的运行效果如图 4.10 所示。

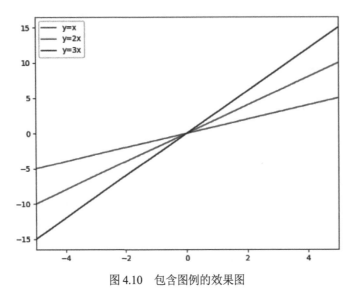

图 4.10　包含图例的效果图

通过上述范例程序，我们可以看到在图表里引入图例的效果，图例显示的文字是由 label 参数指定的，而图例的展示位置是由参数 loc='best'指定的。参数取值 best，说明在绘制图例时，Matplotlib 会根据图表的情况，挑选一个最合适的绘制位置，该 loc 参数还有其他取值，具体取值及含义如表 4.4 所示。

表 4.4　loc 参数值及展示位置对应关系表

参 数 值	图 例 位 置
best	最适合的位置
upper right	右上角
upper left	左上角
lower left	左下角
lower right	右下角
Right	右侧
center left	左侧中间
center right	右侧中间
lower center	下侧中间
upper center	上侧中间
center	中间

4.3.2　设置中文标题

在绘制图表时，为了展示该图表的主题，可以通过 title 方法来设置标题，该方法的常用参数如下所示：

- fontsize 参数：表示标题字体的大小，常用取值有 xx-small、x-small、small、medium、large、x-large 和 xx-large 等。

- fontweight 参数：表示字体的粗细，常用取值有 light、normal、medium、semibold、bold、heavy 和 black。
- fontstyle 参数：表示字体类型，常用取值有 normal、italic、oblique、italic 和 oblique。
- verticalalignment 参数：表示水平对齐方式，常用取值有 center、top、bottom 和 baseline。
- Horizontalalignment 参数：表示垂直对齐方式，常用取值有 left、right 和 center。

如下的 DrawTitleDemo.py 范例程序演示了给图表设置标题的方法。

```
DrawTitleDemo.py
1   import matplotlib.pyplot as plt
2   items = ['吃饭开销','教育','买书','汽车','其他']
3   sizes = [4500,3000,500,4000,500]
4   explode = (0,0.1,0.1,0.1,0.1)
5   colors=['blue','red','green','yellow','pink']
6   plt.pie(sizes,explode=explode,labels=items,startangle=30,colors=colors)
7   plt.rcParams['font.sans-serif']=['SimHei'] # 设置中文
8   # 设置标题
9   plt.title("本月开支",fontsize='large',fontweight='bold',
    verticalalignment ='center')
10  plt.show()
```

本范例程序由饼图范例程序改写而成，由于加入了第 7 行的代码，因此在本范例程序的图表里可以展示中文。此外第 9 行通过调用 title 方法设置了本图表的标题是"本月开支"，同时通过参数设置了字体大小为 large 粗体，水平对齐方式为"居中"。运行本范例程序后，可以看到如图 4.11 所示的标题效果。

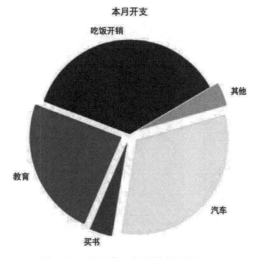

图 4.11 展示中文标题的效果图

4.3.3 设置网格效果

如果在图表里引入网格效果，就能让用户直观地看到诸多数据间的差异。

通过调用 Matplotlib 库的 grid 方法可以在图表里引入网格效果，在调用该方法时，同样可以通过参数指定颜色和网格线条效果等的展示效果。如下的 DrawGridDemo.py 范例程序演示了如何绘制网格。

```
DrawGridDemo.py
1    import matplotlib.pyplot as plt
2    x=[1,2,3,4]      # x轴刻度
3    y=[93,95,91,89] # y轴刻度
4    color=['red','green','blue','pink']
5    x_label=['一班','二班','三班','四班']
6    # 绘制 x 轴刻度标签
7    plt.xticks(x, x_label)
8    plt.rcParams['font.sans-serif']=['SimHei'] # 设置中文
9    # 设置标题
10   plt.title("班级平均分对照表")
11   # 绘制柱状图
12   plt.bar(x, y,color=color)
13   plt.grid(linewidth='2',linestyle=':',color='yellow',alpha=1)
14   plt.show()
```

本范例程序是根据之前的用柱状图绘制班级平均分的范例程序改写而成的。第 13 行代码通过调用 grid 方法添加了网格效果，通过参数指定网格的宽度、颜色和透明度，同时通过 linestyle 参数指定网格线条格式为"虚线"。

运行本范例程序，可看到在柱状图里出现的网格效果，如图 4.12 所示。

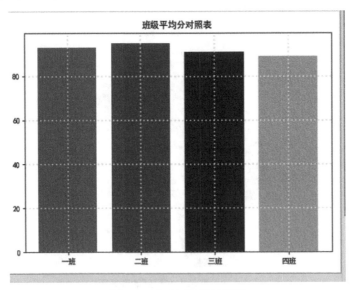

图 4.12   包含网格的效果图

4.4　设置子图效果

在可视化数据报表时，有时需要通过子图的形式同时展示多张图表，本节将介绍用 figure 等对象绘制子图的技巧。

4.4.1　通过 add_subplot 方法绘制子图

下面通过 AddSubPlotDemo.py 范例程序来介绍如何调用 figure 对象的 add_subplot 方法绘制子图。

```
AddSubPlotDemo.p
1    import matplotlib.pyplot as plt
2    import numpy as np
3    x = np.arange(0, 10, 0.1)
4    # 新建 figure 对象
5    fig=plt.figure()
6    # 子图 1
7    ax1=fig.add_subplot(2,2,1)
8    ax1.plot(x, 3*x,label='y=3x',color='red')
9    ax1.legend()
10   # 子图 2
11   ax2=fig.add_subplot(2,2,2)
12   ax2.plot(x, 5*x,label='y=5x',color='blue')
13   ax2.legend()
14   # 子图 3
15   ax3=fig.add_subplot(2,2,4)
16   ax3.plot(x, 7*x,label='y=7x',color='green')
17   ax3.legend()
18   plt.show()
```

本范例程序的第 5 行代码通过调用 plt.figure 方法创建了一个名为 fig 的 figure 类型的白板对象，随后在第 7 行、第 11 行和第 15 行调用 add_subplot 方法在 fig 对象上创建了三个子图。

在调用 add_subplot 方法创建子图时一般会包含 3 个参数，比如第 7 行的参数 add_subplot(2,2,1)表示把图表分隔成 2 行 2 列 4 个区域，该子图创建其中第 1 个位置，即左上方位置。

第 11 行代码中的参数表示该子图创建在 2 行 2 列的第 2 个位置，即右上方位置，同理通过第 15 行的参数在右下方绘制子图。也就是说，add_subplot 方法通过前两个参数表示把绘图区域分隔成多少块，再通过第 3 个参数表示当前子图的位置。

创建子图后能得到 ax1 等子图对象，随后可以通过 ax1 等对象在指定的子图上绘图，比如第 8 行代码是调用 ax1.plot 方法绘制折线，再通过第 12 行和第 16 行的代码在 ax2 和 ax3 这两个子图上绘制了折线。

本范例程序的运行效果如图 4.13 所示，从中不仅能看到各子图的位置，还能看到各子图中的图形和图例。

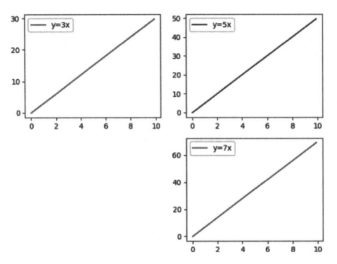

图 4.13　调用 add_subplot 方法绘制的子图

4.4.2　通过 subplot 方法绘制子图

上一小节介绍了通过调用 figure 对象的 add_subplot 方法绘制子图，本小节介绍调用 pyplot 对象的 subplot 方法来绘制子图。如下的 SubplotDemo.py 范例程序演示了如何绘制子图。

```
SubplotDemo.py
1    import matplotlib.pyplot as plt
2    import numpy as np
3    x = np.arange(0, 8, 1)
4    plt.subplot(2,1,1)          # 第一个子图在 2*1 的第 1 个位置
5    plt.plot(x,2*x)
6    plt.subplot(2,2,3)          # 第二个子图在 2*2 的第 3 个位置
7    plt.plot(x,4*x)
8    plt.subplot(2,2,4)          # 第三个子图在 2*2 的第 4 个位置
9    plt.plot(x,6*x)
10   plt.show()
```

本范例程序的第 4 行、第 6 行和第 8 行代码通过调用 plt.subplot 方法绘制了三个子图。该方法也有 3 个参数，其中前两个参数表示把绘图区域分成多少块，第 3 个参数表示该子图在分隔后的哪一块里。第 4 行代码创建的子图在 2 行 1 列的上方，第 6 行创建的子图在 2 行 2 列的左下方，第 8 行创建的子图在 2 行 2 列的右下方。在这三个子图里，分别通过 plot 方法绘制了 y=2x、y=4x 和 y=6x 的图像。本范例程序执行后的效果如图 4.14 所示。

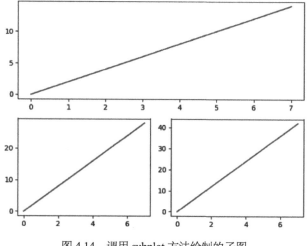

图 4.14 调用 subplot 方法绘制的子图

4.4.3 子图共享 x 坐标轴

在一些数据统计及可视化的应用场景中，一般会出现多个子图，且这些子图需要共享 x 坐标轴。

在如下的 ShareXDemo.py 范例程序中，将在两个子图里通过直方图的形式绘制两个班的成绩分布情况，同时让这两个直方图共享 x 轴。

```
ShareXDemo.py
1   import matplotlib.pyplot as plt
2   import numpy as np
3   # 分数明细
4   class1=[92,85,97,85,72,66,96,77,82,55,79,91,81]
5   class2=[86,57,91,93,90,74,76,89,97,58,82,92,97]
6   # 两个子图共享 x 轴
7   figure,(axClass1, axClass2) = plt.subplots(2, sharex=True,
    figsize=(12,8))
8   # 设置连续的边界值，即直方图的分布区间，比如[50,60]等
9   bins=np.arange(50,101,10)
10  # 设置中文，并设置两个子图的标题
11  plt.rcParams['font.sans-serif']=['SimHei']
12  axClass1.set_title("一班的成绩分布图")
13  axClass2.set_title("二班的成绩分布图")
14  axClass1.hist(class1,bins,color='red')
15  axClass2.hist(class2,bins,color='blue')
16  plt.show()
```

本范例程序的第 7 行通过调用 plt.subplots 方法创建了两个名为 axClass1 和 axClass2 的子图，同时通过 sharex 参数来指定它们共享 x 轴，并通过 figsize 参数指定绘制图形区域的大小。

在第 12 行和第 13 行代码中设置了两个子图的标题，并通过第 14 行和第 15 行的代码根据两个班级的分数情况绘制直方图。本范例程序的运行效果如图 4.15 所示，从图中可以看到共享 x 轴的效果。

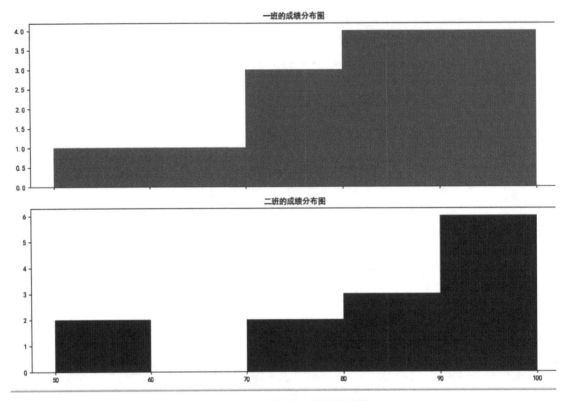

图 4.15　多子图共享 x 轴的效果图

4.4.4　在大图里绘制子图

在一些数据统计报表里，需要在大图里再用子图绘制某个区间内的详细数据，如下的 AddAxisDemo.py 范例程序演示了如何实现这一需求。

```
AddAxisDemo.py
1    import matplotlib.pyplot as plt
2    import numpy as np
3    fig=plt.figure()
4    ax=fig.add_axes([0.1,0.1,0.9,0.9])
5    child_ax=fig.add_axes([0.6,0.2,0.2,0.2])
6    x = np.arange(0, 10.1, 0.1)
7    ax.plot(x, np.cos(x),color='red')
8    # 子图
9    childX = np.arange(5, 6.1, 0.1)
10   child_ax.plot(childX,np.cos(childX),color='green')
11   plt.show()
```

本范例程序的第 5 行和第 6 行代码通过调用 figure 对象的 add_axes 方法创建了两个子图，创建时传入了 4 个参数，其中前两个参数表示该子图左下角坐标在 figure 图形上的坐标位置，后两个参数是指该子图在 x 和 y 方向上的两个长度值。从这些参数可知，child_ax 子图是出现在 ax 子图的内部。

随后的第 7 行通过调用 plot 方法在 ax 子图里绘制了 y=cosx 在 0 到 10 区间内的图形，第 10 行的代码也是通过调用 plot 方法在 child_ax 子图里绘制 y=cosx 的图形，只不过 x 的取值范围是 5 到 6。在运行本范例程序后，可以看到如图 4.16 所示的在大图套小图的效果。

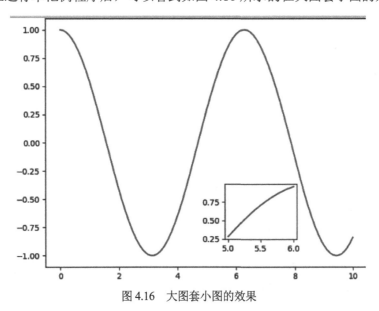

图 4.16　大图套小图的效果

4.5　高级图表的绘制方式

在数据分析可视化的应用场景中，除了可以通过折线图、饼图和直方图等形式展示数据外，还可以通过散点图、热力图和等值线图等方式展示数据，本节将讲述这些图表的绘制方法。

4.5.1　绘制散点图

散点图既可以展示各数据在直角坐标平面上的分布情况，也能通过每个点的大小展示其他维度的信息。

如下的 DrawScatterDemo.py 范例程序绘制出的散点图，可以看到某 Python 项目里模块代码行数和模块里问题总数之间关系。此外，在该散点图里，还将用散点的大小来展示该模块里不合规代码的问题数量。

```
DrawScatterDemo.py
1    import matplotlib.pyplot as plt
```

```
2    import numpy as np
3    # 新建 figure 对象
4    fig,ax=plt.subplots()
5    codeLines=np.array([534,441,357,287,695,496,476,689,468])
6    codeBugs=np.array([5,3,4,3,7,6,6,3,5])
7    warnings=np.array([11,9,12,5,6,7,7,5,8])
8    ax.scatter(codeLines,codeBugs,s=warnings*100,alpha=0.7)
9    plt.rcParams['font.sans-serif']=['SimHei'] # 设置中文
10   # 设置标题
11   plt.title("代码问题统计散点图",fontsize='large',fontweight='bold')
12   plt.xlabel('代码行数')
13   plt.ylabel('问题个数')
14   plt.grid()
15   plt.show()
```

本范例程序的第 5 行和第 6 行代码分别给出了各模块的代码行数以及对应的问题总数，第 7 行代码则给出了各模块中不合规代码的问题数量。

第 8 行代码通过调用 scatter 方法绘制了散点图，其中前两个参数表示诸多散点在 x 轴和 y 轴的位置，参数 s 表示每个散点的大小，这里用面积展示了该模块里不合规代码的数量。

第 11 行的代码设置标题，第 12 行和第 13 行的代码设置 x 轴和 y 轴的标签文字，第 14 行中的 grid 方法是在图表里引入网格效果。

运行本范例程序后可看到如图 4.17 所示的散点图，我们可以直观地看到各模块的代码数量以及对应的问题数，同时能通过各散点的大小观察到该模块包含的不合规代码的问题数。

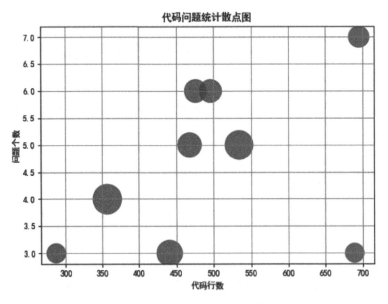

图 4.17　表示代码数量和问题数的散点图

4.5.2　绘制热力图

热力图（heatmap）可用色差等方式展示不同数据之间的差异，以提升可视化的效果。在数据分析的应用场景中，可以调用 Matplotlib 库的 imshow 方法来绘制热力图。

如下的 ImShowDemo.py 范例程序演示了如何通过热力图绘制公司各部门 4 个季度的盈利情况。

```
ImShowDemo.py
1    from matplotlib import pyplot as plt
2    # 定义热力图的横、纵坐标
3    xLabel = ['电商事业部', '线下事业部', '保险事业部', '银行事业部','咨询事业部']
4    yLabel = ['1季度', '2季度', '3季度', '4季度']
5    # 4个季度的盈利数据
6    data = [[38, 52, 79, 85, 84], [62, 81, 31, 67, 69], [96, 33, 19, 54, 53],
     [75, 62, 34, 36, 79]]
7    fig = plt.figure()
8    # 定义子图
9    ax = fig.add_subplot(111)
10   # 定义横、纵坐标的刻度
11   ax.set_yticks(range(len(yLabel)))
12   ax.set_yticklabels(yLabel)
13   ax.set_xticks(range(len(xLabel)))
14   ax.set_xticklabels(xLabel)
15   # 选择颜色的填充风格，这里选择 hot
16   im = ax.imshow(data, cmap=plt.cm.hot_r)
17   # 添加颜色刻度条
18   plt.colorbar(im)
19   # 添加中文标题
20   plt.rcParams['font.sans-serif']=['SimHei']
21   plt.title("各部门盈利情况")
22   plt.xlabel('部门名称')
23   plt.ylabel('盈利（单位：万元）')
24   plt.show()
```

本范例程序的第 3 行和第 4 行代码定义了 x 轴和 y 轴的展示文字，分别是部门名和季度名，第 6 行的代码用列表的形式定义了各部门在每个季度的盈利数据。第 9 行的代码通过调用 add_subplot 方法创建了 ax 子图。

第 11 行到第 14 行的代码用 ax 对象绘制了 x 轴和 y 轴的标签文字，第 16 行的代码调用 imshow 方法绘制了热力图，其中 cmap 参数用来指定填充风格。第 18 行的代码通过调用 colorbar 方法为热力图添加了颜色刻度条，这里的颜色刻度条起到了图例的效果。

运行本范例程序之后，可以看到如图 4.18 所示的热力图效果。

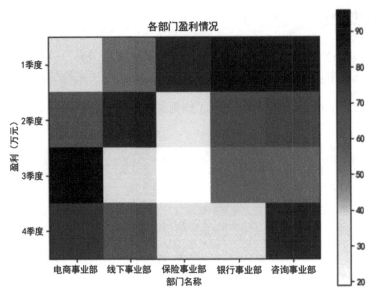

图 4.18　表示各部门盈利情况的热力图

4.5.3　绘制等值线图

等值线图也叫等高线图，在等值线图中，能用封闭曲线的形式展示每个等值点的集合。如下的 DrawContourDemo.py 范例程序演示了如何绘制基于 z=x*x+y*y 函数的等值线图。

```
DrawContourDemo.py
1    import numpy as np
2    import matplotlib.pyplot as plt
3    x = np.arange(-10,10,0.1)
4    y = np.arange(-10,10,0.1)
5    # 用两个坐标轴上的点在平面上画网格
6    gridX,gridY = np.meshgrid(x,y)
7    # 定义绘制等值线的函数
8    Z = gridX*gridX+gridY*gridY
9    # 画等值线，用渐变色来区分
10   contour=plt.contour(gridX,gridY,Z,cmap=plt.cm.hot)
11   # 标记等值线
12   plt.clabel(contour,inline=2)
13   plt.show()
```

本范例程序的第 3 行和第 4 行代码通过调用 np.arange 方法给出了 x 和 y 的取值范围，第 6 行的代码通过调用 meshgrid 方法生成了多个点，用来在平面上绘制网格，这是绘制等值线的准备工作。

第 8 行代码定义了用于生成等值线的函数，第 10 行代码通过调用 plt 的 contour 方法绘制等值线，其中使用 cmap 参数指定等值线的渐变色，第 12 行代码调用 clabel 方法，给各条等值线加上标签。

运行本范例程序后，可看到如图 4.19 所示的效果。其中每条等值线上都有数值标签，表示该条等值线上的每个坐标点都满足 "x*x+y*y 等于这个值" 的条件，而且每条等值线的颜色都有 "渐变" 效果，看上去很直观。

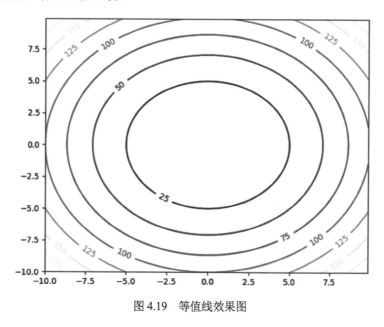

图 4.19　等值线效果图

4.6　动 手 练 习

1. 通过调用 subplot 方法绘制 4 个子图，在这些子图中，分别绘制 y=x、y=2x、y=3x 和 y=4x 这 4 条折线，这些折线 x 轴的取值范围均为−5 到 5。

2. 某公司当月的开销是付房租用了 100 000 元，购买设备用了 150 000 元，购买软件用了 50 000 元，支付员工工资用了 550 000 元。请以饼图的方式展示各项支出相对于总支出的比例。

3. 如下是某班的某次考试成绩情况：

87, 85, 93, 79, 75, 73, 93, 69, 96, 76, 83。

请以直方图的形式，统计上述成绩在(60, 70)、(70, 80)、(80, 90)和(90, 100)这些区间内的分布情况。

4. 运行 4.5.1 节、4.5.2 节和 4.5.3 节关于散点图、热力图和等值线图的范例程序，并理解这些图表的绘制方式。

第 5 章

数据获取之网络爬虫

本章内容：

- 与爬虫有关的 HTTP 协议
- 通过 Urllib 库获取网页信息
- 通过 BeautifulSoup 提取页面信息
- 通过正则表达式截取信息

在大多数数据分析项目里，除了要分析数据外，一般还需要获取数据。用 Python 获取数据的一般操作是，通过 Python 代码到指定网站爬取数据，并按指定的格式保存到文件里。

本章不仅讲述通过 Urllib 库爬取网络数据的方法，还将结合 BeautifulSoup 库讲述用正则表达式制定爬虫规则。通过本章的学习，读者可以掌握用爬虫获取数据的一般方法。

5.1　和爬虫有关的 HTTP 协议

如果要从网站上获取数据，首先需要了解 HTTP（Hyper Text Transfer Protocol）协议。HTTP 也叫超文本传输协议，是网络数据传输的基础，本节将根据大多数网络爬虫的需求，讲述 HTTP 协议的常用知识点。

5.1.1　基于 HTTP 协议的请求处理流程

从网站上获取数据的流程其实和通过 URL 访问该网站的流程很相似。

在浏览器里输入一个 URL 后，浏览器会向 HTTP 服务器发送 HTTP 请求，并根据请求解析并绘制页面。可以通过操作 Chrome 浏览器，直观地看到基于 HTTP 协议的请求处理流程。

步骤 01　打开 Chrome 浏览器，在空白位置右击，在弹出的快捷菜单里选中"检查"（见图 5.1），打开"调试"窗口。

返回	Alt+向左箭头
前进	Alt+向右箭头
重新加载	Ctrl+R
另存为...	Ctrl+S
打印...	Ctrl+P
投射...	
使用 Google Lens 搜索图片	
查看网页源代码	Ctrl+U
查看框架的源代码	
重新加载框架	
检查	

图 5.1　在 Chrome 浏览器中打开"调试"窗口

步骤 02　通过 Chrome 浏览器打开 www.baidu.com（百度网站）页面，可在调试窗口的 Network 菜单窗口里的 "Name" 框里看到 www.baidu.com 项，这就是在发出请求后浏览器向百度网站发出的 HTTP 请求（即 Request），如图 5.2 所示。

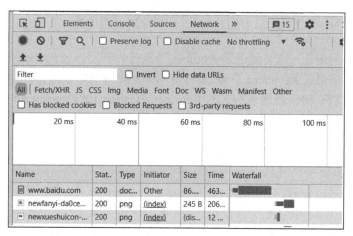

图 5.2　在 Network 的 Name 栏里看到的 HTTP 请求

步骤 03　单击图 5.2 中 Name 栏里的 www.baidu.com 项，可看到如图 5.3 所示的 HTTP 请求的细节，其中包括 Request URL、Request Method 和请求头信息 Request Headers。

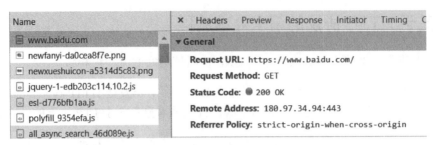

图 5.3   HTTP 请求的细节

步骤 04 当包含 www.baidu.com 的 HTTP 请求发送到百度服务器后，百度服务器会根据请求 Request 里包含的方法（即 Request Method，这里是 Get）和参数（本请求没包含），返回 Response 响应信息，响应信息一般会包含 HTTP 状态码、HTML 页面代码和相关的 JS 或图片信息等。包含响应信息的页面如图 5.4 所示。

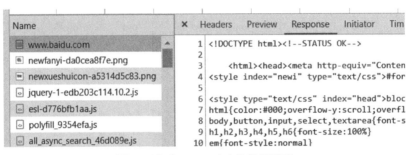

图 5.4   包含 HTTP 响应信息的页面

浏览器在收到 Response 响应信息后，解析如图 5.4 所示的 HTML 代码，如果发现其中还包含 JS 和 GIF 图片等信息，会再到百度服务器去下载，全部下载完成后，会在浏览器里展示页面，就是我们最终看到的百度页面。

5.1.2   HTTP 请求头包含操作系统和浏览器信息

通过上文给出的流程，读者能通过 Chrome 浏览器看到发送 HTTP 请求所用的 Request 请求对象和包含返回结果的 Response 对象。其中在 Request 请求对象里，除了包含待访问的 URL 信息之外，还在 HTTP 协议的请求头（即 Requests Headers）的 user-agent 里，包含了如下的操作系统和浏览器信息。

```
Mozilla/5.0 (Windows NT 10.0; Win64; x64) AppleWebKit/537.36 (KHTML, like Gecko)
Chrome/99.0.4844.82 Safari/537.36
```

一些网站会通过检查 HTTP 请求头里的上述 user-agent 信息，来判断该请求是来自浏览器还是来自爬虫，并由此采取一些反爬虫的措施。所以在编写爬虫代码的过程中，可以通过加入上述 user-agent 代码来模拟该请求是发自浏览器而不是来自爬虫。

5.1.3　Post 和 Get 请求方法

从上文给出的 HTTP 请求（即 Request）里，读者能看到 Request Method（请求方法）的值是 GET，除此之外还有 POST 等常见的 HTTP 请求方法。

在 HTTP 协议里，可以通过请求方法来定义请求的动作以及传输参数的方式。比如在百度搜索引擎里输入"Python"，就会在地址栏里看到如下的信息：

```
https://www.baidu.com/s?wd=Python
```

在这个 URL 请求里可以看到，参数是在问号之后，以"键-值对"（Key-Value Pair）的方式传输，这是以 GET 方式传输参数的方式。此外，在一些需要数据私密性的应用场景中，则可以通过 POST 的方式传递参数。

相比之下，以 GET 方式传输参数的网络开销会比较小，但参数会暴露，而且通过 GET 方法传输参数，传输数据量的最大值限制为 2KB，所以这种传输参数的方式一般用在数据量比较小而私密性不强的应用场景，反之则需要通过 POST 等方式来传递参数。

5.1.4　HTTP 常见的状态码

在前面章节的范例程序中，我们看到请求对应返回的状态码是 200，即发到百度的 HTTP 请求得到了正确的处理。通过状态码 HTTP 请求的发出端能获知该请求的响应结果，除了 200 外，其他常用的状态码如表 5.1 所示。

表 5.1　常用的 HTTP 状态码一览表

状 态 码	含　　义
200	请求成功
201	已成功创建，比如向服务端发送"创建用户"的请求，如正确创建，则会返回 201
301	永久移动。表示该 HTTP 请求的资源已被永久移动到新的 URI 位置，浏览器会自动定向到新 URI
400	请求包含语法错误
401	请求未通过身份验证，通常可能是用户名或密码不对，或未包含证书或 token
404	未找到资源
500	服务器内部错误

也就是说，爬虫程序在发出用于收集数据的 HTTP 请求后，首先通过查看返回的 HTTP 状态码来确认请求是否被正确地处理，如果是则进一步解析页面并获取数据，如果不是，则执行对应的异常处理操作。

5.2 通过 Urllib 库获取网页信息

Urllib 库封装了一些基于 HTTP 协议的爬取网页数据的方法，通过这个库，能实现一些比较简单的爬取页面信息的功能。

5.2.1 通过 request 爬取网页

在一些比较简单的爬虫项目里，用封装在 Urllib 库里的 request 模块来发送 URL 请求，并从响应信息里收集所需的数据。如下的 UrllibDemo.py 范例程序演示了如何用 request 模块发送 URL 请求并得到返回数据。

```
UrllibDemo.py
1    import urllib.request
2    url = 'http://www.baidu.com/'
3    # 发送请求
4    response = urllib.request.urlopen(url)
5    if response.getcode() == 200:
6        print(response.read().decode('utf-8'))
```

本范例程序的第 1 行代码通过 import 语句引入了 Urllib 库里的 request 模块，第 4 行代码调用 request 模块的 urlopen 方法向 www.baidu.com 网址发出了请求，并得到了包含响应结果的 response 对象。

第 5 行代码通过 if 语句判断 response 对象里包含的 HTTP 状态码是否为 200，如果是则表示第 4 行发出的请求被正确处理了，此时能通过第 6 行的代码以 utf-8 的格式输出返回结果。

运行本范例程序后，可以看到百度网站返回的 HTML 页面，由于返回的代码比较长，这里就不列出了，读者在自己的系统上可以自行运行并观察返回的代码。

5.2.2 设置超时时间

用 5.2.1 节的范例程序给出的 urlopen 方法向目标服务器发请求后，如果长时间没有得到响应，应当立即终止该请求。因为如果继续等待，会耗费对方服务器的网络资源，严重的话可能会导致对方的服务器宕机。

实际的爬虫项目在通过 urlopen 方法发出请求时，一般会加入 timeout 参数来设置超时时间，该参数的单位是秒。如果超过这个时间，对方服务器还没有返回服务响应的话，就不会继续等待，而会抛出异常。如下的 UrllibTimeout.py 范例程序演示了关于超时时间的用法。

```
UrllibTimeout.py
1    import urllib.request
2    url = 'http://www.baidu.com/'
3    # 发送请求
4    response = urllib.request.urlopen(url,timeout=0.001)
5    if response.getcode() == 200:
6        print(response.read().decode('utf-8'))
```

本范例程序的第 4 行代码在调用 urlopen 方法时，传入了 timeout=0.001 的参数，表示该请求的超时时间为 0.001 秒。运行本范例程序时不会看到返回的 HTML 页面，而会看到 timeout 异常，如下所示。

```
socket.timeout: timed out
```

也就是说，本范例程序第 4 行的 urlopen 方法在 0.001 秒之内若没有得到服务响应，就会抛出上述异常。

5.2.3　用 URLError 处理网络异常

如果发出的请求运行时出现 timeout 异常，会直接退出。不过根据异常处理的原则，此时应该能正确地处理异常，比如输出异常信息，同时确保处理流程不中断。

在爬虫范例程序中，可以用 Urllib 库的 socket 对象来处理异常，具体的做法如范例程序 URLError.py 所示。

```
URLError.py
1    from urllib import request
2    import socket
3    url = 'http://www.baidu.com/'
4    try:
5        response = request.urlopen(url,timeout=0.001)
6    except socket.timeout as e:
7        print(e)
8    print('other action')
```

本范例程序的第 5 行代码通过 urlopen 方法发出 HTTP 请求时，有可能出现异常，所以把该语句包含在第 4 行到第 5 行间的 try…except 代码块中。

由于在 urlopen 方法里设置的 timeout 时间过小，因此会出现超时异常，而后会进入第 7 行代码的异常处理流程，本范例程序的运行结果如下：

```
1    timed out
2    other action
```

上面的第 1 行信息是由范例程序的第 7 行代码输出的，在处理异常后，能继续执行第 8 行的语句，由此达到了"出现异常不中断主流程"的目的。

5.2.4 设置 header 属性来模拟浏览器发送请求

在一些爬虫的项目里，在用 urlopen 发送请求时，要像浏览器那样带 HTTP 头信息，以此来模拟浏览器的行为，否则就可能无法获得预期的结果。如下的 AddHeader.py 范例程序演示了这种做法。

```
AddHeader.py
1    import urllib.request
2    url = 'https://www.douban.com/'
3    req = urllib.request.Request (url)
4    req.add_header('User-Agent','Mozilla/5.0 (Windows NT 10.0; WOW64)
     AppleWebKit/537.36 (KHTML, like Gecko) Chrome/76.0.3809.132 Safari/537.36')
5    result = urllib.request.urlopen(req).read()
6    print(result.decode('utf-8'))
```

本范例程序的第 2 行代码指定了待爬取的网站信息，随后的第 3 行代码创建了用于发送请求的 req 对象。

请注意，第 5 行的代码调用 add_header 方法在这个描述 HTTP 请求的 req 对象里加入了描述操作系统和浏览器信息的 User-Agent 值，该值的获取方法请参阅 5.1.2 节的内容。

由于加入了 HTTP 请求头信息，因此通过第 5 行的 urlopen 方法可以顺利地得到预期的返回结果，通过第 6 行的 print 语句的输出结果可以确认这一点。

此外，还可以在注释掉第 4 行 add_header 代码的基础上再次运行本范例程序，这时会发现无法再得到预期的结果，由此可知添加 Header 属性的重要性。

5.3 通过 BeautifulSoup 提取页面信息

本节将讲述用 BeautifulSoup 库提爬取页面数据的方法，具体内容包括：爬取 HTML 元素和属性、提取元素值和提取页面中的注释等。

5.3.1 安装 BeautifulSoup 库

BeautifulSoup 库可以用来解析 HTML 标签，但这个库不是 Python 自带的，需要通过命令安装。

具体的做法是，按 1.1.2 节给出的步骤，进入 Python 解释器所在的路径，再进入 Script 路径，在其中可执行"pip3 install beautifulsoup4"命令安装这个库。

安装完成后，可执行"pip3 list"命令来确认安装的结果。

5.3.2　用 Tag 提取 HTML 元素和属性

HTML 页面是由诸多的 HTML 元素组成的，比如<title>和<body>就是页面中比较常用的元素。

在每个元素里，包含了元素值或属性，比如在下面的 p 元素中，Value 是元素的值，class 是 p 元素中的属性名，而 myColor 则是 class 属性的属性值。

```
<p class = 'myColor'>Value</p>
```

可以通过 Tag 对象获取 HTML 元素，该对象有两个重要的属性，即 name 和 attrs，分别用来表示元素的名字和属性列表。如下的 BSTagDemo.py 范例程序演示了用 BeautifulSoup 的 Tag 提取元素的常见方法。

```
BSTagDemo.py
1   from bs4 import BeautifulSoup
2   htmlContent = """
3   <html><head><title>My Title</title></head>
4   <body>
5   <p class = 'myColor'>Value</p>
6   </body>
7   </html>
8   """
9   # 把解析好的 HTML 内容 soup
10  soup = BeautifulSoup(htmlContent, "html.parser")
11  # 下面的打印程序输出<title>My Title</title>
12  print(soup.title)
13  # 下面的打印程序输出<head><title>My Title</title></head>
14  print(soup.head)
15  # 下面的打印程序输出<p class = 'myColor'>Value</p>
16  print(soup.p)
17  # 下面的打印程序输出 title，表示元素的名字
18  print(soup.title.name)
19  # 下面的打印程序输出 p，表示元素的名字
20  print(soup.p.name)
21  # 下面的打印程序以键-值对的形式输出{'class': ['myColor']}
22  print(soup.p.attrs)
23  # 下面的打印程序输出['myColor']，表示属性值
24  print(soup.p.attrs['class'])
```

本范例程序的第 2 行到第 8 行代码定义了名为 htmlContent 的 HTML 文本数据，在实际项目里，这部分的数据应该是从网站上得到的。

随后的第 10 行代码通过 BeautifulSoup 对象的构造函数，把 htmlContent 对象解析后存入 soup 对象，在此基础上，可以通过 soup 对象来获取页面里的指定内容。

第 12 行、第 14 行和第 16 行代码通过调用 soup.tilte、soup.head 和 soup.p 方法，获取页面

中的 title、head 和 p 元素的内容，从第 11 行、第 13 行和第 15 行的输出结果中可以看到对应的内容，比如输出 title 元素时，是从<title>开始一直到</title>结尾。

第 18 行和第 20 行代码用 soup.元素.name 的方式输出该元素的名字，结果分别是 name 和 p。第 22 行代码是用 soup.p.attrs 语句以键-值对的形式输出了 p 元素的所有属性，结果如第 21 行注释中的说明所示。

也可以像第 24 行那样输出具体的属性和属性值，具体的做法是在 soup.p.attrs 的方括号里加上待获取的属性名 class，这样就能看到 class 属性对应的值，具体结果如第 23 行注释中的说明所示。

5.3.3 用 NavigableString 提取元素值

在使用 BeautifulSoup 对象解析 HTML 页面时，还可以调用 tag.string 方法获取 HTML 元素的值，该方法返回的是 NavigableString 类型对象。如下的 BSTagStringDemo.py 范例程序演示了如何调用 tag.string 方法获取 HTML 元素值。

```
BSTagStringDemo.py
1    from bs4 import BeautifulSoup
2    htmlContent = """
3    <html><head><title>My Title</title></head>
4    <body>
5    </body>
6    </html>
7    """
8    # 把解析好的对象放入 soup
9    soup = BeautifulSoup(htmlContent, "html.parser")
10   # 下面的打印语句输出 My Title
11   print(soup.title.string)
12   # 下面的打印语句输出<class 'bs4.element.NavigableString'>
13   print(type(soup.title.string))
```

本范例程序的第 9 行代码，是调用 html.parser 方法解析 HTML 本文数据。随后的第 11 行代码是用 soup.title.string 的形式解析 title 元素里的值，得到的结果如第 10 行注释中的说明所示。第 13 行代码是调用 type 方法得到 soup.title.string 的类型，结果如第 12 行注释中的说明所示。

5.3.4 用 Comment 提取注释

HTML 页面代码是通过<!---->的语句来编写注释代码的，在一些爬取页面数据的应用场景中，通常不需要获取注释中的信息，但如果需要，也是可以的，用 Comment 对象来读取注释即可。如下的 BSCommentDemo.py 范例程序演示了如何读取注释。

```
BSCommentDemo.py
1    from bs4 import BeautifulSoup
2    htmlContent = '<b><!-- comment --></b>'
3    # 把解析好的对象放入 soup
4    soup = BeautifulSoup(htmlContent, "html.parser")
5    comment = soup.b.string
6    # 下面的打印程序输出 comment
7    print(comment)
8    # 下面的打印程序输出<class 'bs4.element.Comment'>
9    print(type(comment))
```

请注意,本范例程序的第 2 行中<b>元素里存放的是注释,它对应第 7 行输出的 soup.b.string 结果,而在第 9 行代码通过调用 type 方法获取 comment 变量的类型时,得到的结果如第 8 行注释中说明所示。

这里同样是通过 soup.元素名.string 的方式得到了注释的值。在实际应用中不需解析 HTML 注释项目中的内容,往往会先用 type 方法判断元素的类型,如果是 NavigableString 类型则继续解析,如果是 Comment 注释类型,则可以不用解析。

5.3.5　制作爬取指定页面内容的规则

在实际的爬虫项目中,为了正确地从指定页面里得到想要的内容,一般需要先分析页面的 HTML 代码结构,随后据此通过调用 BeautifulSoup 对象的 find 方法,按一定的规则查找并获取想要的内容。

例如,我们要爬取某 bokeyuan 网站的"编辑推荐""最多推荐""新闻头条"和"推荐新闻"的内容,如图 5.5 所示。可以按步骤来操作,其中给出了爬取规则和调用 find 方法爬取并解析数据。

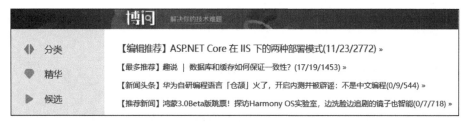

图 5.5　bokeyuan 网站的页面

注　意
此处的示例仅作为教学演示之用,请读者不要进行大规模爬取。

步骤 01　在 Chrome 浏览器中,用 5.1.1 节给出的方法查看该页面的 HTML 源码,在其中找到"编辑推荐"部分,这部分的源代码如图 5.6 所示。

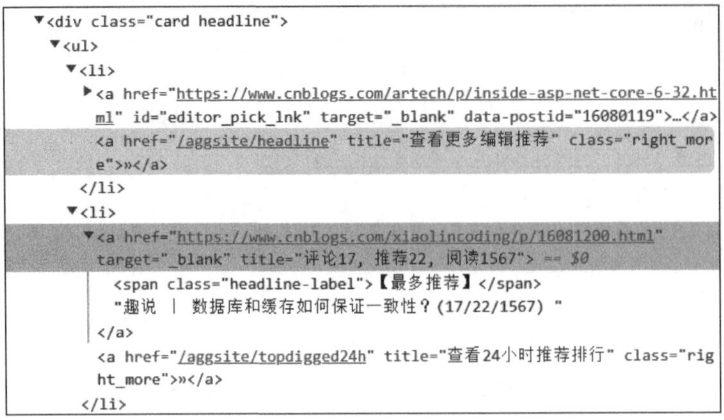

```
▼<div class="card headline">
  ▼<ul>
    ▼<li>
      ▶<a href="https://www.cnblogs.com/artech/p/inside-asp-net-core-6-32.html" id="editor_pick_lnk" target="_blank" data-postid="16080119">…</a>
       <a href="/aggsite/headline" title="查看更多编辑推荐" class="right_more">»</a>
     </li>
    ▼<li>
      ▼<a href="https://www.cnblogs.com/xiaolincoding/p/16081200.html" target="_blank" title="评论17, 推荐22, 阅读1567"> == $0
          <span class="headline-label">【最多推荐】</span>
          "趣说 | 数据库和缓存如何保证一致性？(17/22/1567) "
       </a>
       <a href="/aggsite/topdigged24h" title="查看24小时推荐排行" class="right_more">»</a>
     </li>
```

图 5.6　编辑推荐部分的代码

步骤 02　分析“编辑推荐”部分的 HTML 页面格式，这部分的内容包含在 a 标签元素里，而且该标签的 id 是 editor_pick_lnk。

用同样的方法观察 “编辑推荐”“最多推荐”“新闻头条”和“推荐新闻”这几个部分的 HTML 源码，可以发现这些内容包含在 div 标签元素里，而且该 div 元素包含的 class 属性值是 card_headline。

步骤 03　针对这些数据的 HTML 代码特征，调用 find 方法来解析内容。该方法的常用语法如下：

```
find(标签元素名，attrs={指定的属性})
```

如下的 BSFindContent.py 范例程序演示了如何通过 find 方法提取所需的内容。

BSFindContent.py

```
1   import urllib.request
2   from bs4 import BeautifulSoup
3   url = 'http://www.cnblogs.com/'
4   # 发送请求
5   response = urllib.request.urlopen(url)
6   htmlContent=response.read().decode('utf-8')
7   soup = BeautifulSoup(htmlContent, "html.parser")
8   # 解析编辑推荐部分的文本
9   editorPick = soup.find("a", attrs={"id":"editor_pick_lnk"} )
10  print(editorPick)
11  contentText = soup.find("a", attrs={"id":"editor_pick_lnk"}).text
12  print(contentText)
13  # 解析最多推荐部分的文本
14  contentText = soup.find("div", attrs={'class':'card headline'} ).text
15  print(contentText)
```

本范例程序的第 3 行到第 6 行代码用来实现根据 bokeyuan 网站的网址得到该页面的所有 HTML 代码，随后的第 7 行代码把这部分的代码用 HTML 解析器解析后放入 BeautifulSoup 类型的 soup 对象。

第 9 行代码则是通过调用 soup 对象的 find 方法来查找内容。其中第 1 个参数表示查找 a 元素，参数 attrs 表示查找的元素需要包含哪些属性。这里通过 find 方法查找的"id 是 editor_pick_lnk"的 a 元素，第 10 行的打印语句会输出如下的结果：

```
<a data-postid="16035785"
href="https://www.cnblogs.com/skevin/p/16035785.html" id="editor_pick_lnk"
target="_blank">
    <span class="headline-label">【编辑推荐】</span>戏说领域驱动设计（十九）——外验
(3/2/202)
    </a>
```

从上述输出结果可知，这里输出的是从<a>标签元素开始到</a>结束的所有内容。

随后再通过第 11 行代码用 text 参数输出了其中的文本内容，第 12 行的 print 语句会输出如下的结果：

```
【编辑推荐】戏说领域驱动设计（十九）——外验(3/2/202)
```

再根据"编辑推荐"和"最多推荐"等的 HTML 页面格式，用第 14 行的 find 方法查找其中的内容，具体做法是通过第 1 个参数指定要查找的 div，再通过 attrs 参数表示待查找元素的属性。第 15 行的打印语句会输出如下的结果：

```
【编辑推荐】戏说领域驱动设计（十九）——外验(3/2/202)»
【最多推荐】ASP.NET Core 在 IIS 下的两种部署模式(12/24/2883)»
【最多评论】趣说 | 数据库和缓存如何保证一致性？(17/22/1602)»
【新闻头条】华为自研编程语言「仓颉」火了，开启内测并被辟谣：不是中文编程(0/15/840)»
【推荐新闻】鸿蒙 3.0Beta 版跳票!探访 Harmony OS 实验室,边洗脸边追剧的镜子也智能(0/8/835)»
```

通过本范例程序，读者可以看到分析页面、制定解析规则和用 BeautifulSoup 对象获取内容的常规方法。

5.4　通过正则表达式截取信息

正则表达式经常被用作查找和替换文本，在不少爬虫项目里，会用正则表达式按一定规则，从爬取到的 HTML 内容中截取需要的数据。

Python 正则表达式的相关方法封装在 re 库里，re 库是 Python 的内置库，因此无须额外安装。本节将讲述如何调用 re 库中的方法来解析 BeautifulSoup 提取到的页面内容，并从中截取预期的内容。

5.4.1　查找指定的字符串

正则表达式主要用来查找和替换字符串，我们通过如下的 ReSimpleSeach.py 范例程序来演示如何调用 Search 方法查找指定的字符串。

```
ReSimpleSeach.py
1    import re
2    pattern = 'Python'
3    val = 'I am learning Python'
4    pos = re.search(pattern,val)
5    # <re.Match object; span=(14, 20), match='Python'>
6    print(pos)
```

本范例程序的第 1 行代码通过 import 语句引入所需的正则表达式 re 库，第 2 行代码定义查找规则，这里是查找字符串 'Python'，第 3 行代码定义待查找的目标字符串。

第 4 行代码调用 re.search 方法实现查找字符串的操作，其中第 1 个参数表示查找规则，第 2 个参数表示目标字符串，查找结果如第 5 行中的注释所示。

从输出结果里可以看到，span 表示该字符串在待查找字符串中所在的位置，这里表示 Python 字符串出现在待查找字符串中的索引值 14 到 20 的位置。

请注意，通过正则表达式查找时是要匹配字母大小写的，比如，这里如果把第 2 行代码中的 Python 改成 python，即把 p 改成小写，那么在第 4 行调用 search 方法查找时，就找不到了。

5.4.2　用通配符来模糊匹配

上一小节范例程序实现的是严格的字符串匹配，其实正则表达式还可以用通配符来实现模糊匹配，常用的通配符如下所示：

- \w，用来匹配任何一个字母、数字或下画线。
- \W，用来匹配除字母、数字或下画线以外的其他任意一个字符。
- \d，用来匹配任意一个十进制的数字。
- \D，用来匹配除十进制数字以外的其他任意一个字符。
- \s，用来匹配任意一个空白字符。
- \S，用来匹配除空白字符以外的任意其他一个字符。

以下通过 ReGeneral.py 范例程序来演示如何使用通配符实现模糊匹配。

```
ReGeneral.py
1    import re
2    pattern = '\wPython\W'
3    val = '6Python_'
4    print(re.search(pattern,val)) #None
5    pattern = '\wPython\d'
6    val = '7Python8'
7    # <re.Match object; span=(0, 8), match='7Python8'>
8    print(re.search(pattern,val))
9    pattern = 'Python\s'
```

```
10  val = 'Python Go'
11  # <re.Match object; span=(0, 7), match='Python '>
12  print(re.search(pattern,val))
```

本范例程序的第 2 行代码定义了包含\w 和\W 这两个通配符的正则表达式，用来表示匹配规则，即匹配字符串 'Python' 是一个字母、数字或下画线的字符，而之后是个非字母、数字或下画线的字符。随后在第 4 行的 search 方法里用到了这个表达式，由于待匹配的字符串是 '6Python_'，虽然在该字符串中的 'Python' 之前是个数字，但之后是下画线，不符合 \W 的匹配规则，所以返回结果是 None。

在第 5 行定义的正则表达式里，匹配规则是'Python'之前是一个字符、数字或下画线，之后是个数字，第 8 行的 search 方法待匹配的字符串是'7Python8'，满足这个条件，所以通过 span 可以看到匹配上的字符串对应的位置。

在第 9 行定义的匹配规则里，\s 表示匹配空格，在第 12 行的 search 方法中，待匹配的字符串是'Python Go'，'Python'后带一个空格，所以能匹配上，因而返回匹配上的字符串所对应的位置。

5.4.3　通过原子表来定义匹配规则

在字符串匹配的应用场景中，还可以通过原子表的形式来更加灵活地定义匹配规则。所谓原子表是指用[]来定义，其中由数字或字母等原子字符组成，而每个原子则可定义正则表达式的匹配规则。下面给出了原子表经常出现的元字符及对应的含义。

- ^：匹配字符串的开始位置。
- $：匹配字符串的结束位置。
- ?：前面的原子表达式零次或一次。
- +：匹配一次或多次前面的原子。
- {n}：前面的原子至少出现 n 次。
- {n,m}：前面的原子至少出现 n 次，至多出现 m 次。

下面介绍在正则表达式中如何使用原子表进行匹配，如下的 CheckStockCode.py 范例程序用于判断数字串是否为 A 股的股票代码。

```
CheckStockCode.py
1   import re
2   # 匹配沪深 A 股和创业板股票的规则
3   stockPattern='^[6|3|0][0-9]{5}$'
4   # <re.Match object; span=(0, 6), match='300001'>
5   print(re.match(stockPattern,'300001'))
6   # <re.Match object; span=(0, 6), match='600640'>
7   print(re.match(stockPattern,'600640'))
8   # None
9   print(re.match(stockPattern,'900009'))
```

本范例程序的第 3 行代码定义了用于判断是否为股票代码的匹配规则，具体而言，用^表示开始位置，用$表示结束位置，其中用[6|3|0]表示第 1 位需要是 6 或 3 或 0，用[0-9]{5}表示之后 0 到 9 的数字应出现 5 次，综合起来的意思是，匹配以 6、3 或 0 开头的且位数是 6 位的数字代码。

在第 5 行和第 7 行代码的 match 方法中，待匹配的字符串是 300001 和 600640，均符合匹配规则。在第 9 行代码的 match 方法中，由于待匹配的字符串是以 9 开头的，不符合第 3 行定义的正则表达式规则，因此输出结果是 None，表示没匹配上。

5.4.4　用 findall 按匹配规则截取内容

在不少爬虫项目里，往往会整合使用 BeautifulSoup 爬虫库和 re 正则表达式库，即用爬虫库提供的方法来获取页面数据，再用正则表达式 re 库里的 findall 方法按一定的规则截取页面内容。

再分析一下之前通过爬虫得到的 bokeyuan 网站推荐部分的信息，在这串字符串中，发现编辑推荐部分的内容是以"【编辑推荐】"开始，以"»"结尾；而且在【最多推荐】的文章后，还通过(12/24/2883)的方式给出了点赞数、评论数和点击数。

```
1   【编辑推荐】戏说领域驱动设计（十九）——外验(3/2/202)»
2   【最多推荐】ASP.NET Core 在 IIS 下的两种部署模式(12/24/2883)»
3   【最多评论】趣说 | 数据库和缓存如何保证一致性？(17/22/1602)»
4   【新闻头条】华为自研编程语言「仓颉」火了，开启内测并被辟谣：不是中文编程(0/15/840)»
5   【推荐新闻】鸿蒙 3.0Beta 版跳票！探访 Harmony OS 实验室，边洗脸边追剧的镜子也智能
(0/8/835)»
```

下面根据上述的内容展示规则，通过如下的 GetContentByRE.py 范例程序介绍如何用 findall 整合正则表达式截取所需的页面内容。

```
GetContentByRE.py

1   import re
2   content=u"""
3   【编辑推荐】戏说领域驱动设计（十九）——外验(3/2/202)»
4   【最多推荐】ASP.NET Core 在 IIS 下的两种部署模式(12/24/2883)»
5   【最多评论】趣说 | 数据库和缓存如何保证一致性？(17/22/1602)»
6   【新闻头条】华为自研编程语言「仓颉」火了，开启内测并被辟谣：不是中文编程(0/15/840)»
7   【推荐新闻】鸿蒙 3.0Beta 版跳票！探访 Harmony OS 实验室，边洗脸边追剧的镜子也智能
    (0/8/835)»
8   """
9   rule = u'【编辑推荐】(.*?)»'
10  pickContent=re.findall(rule, content)
11  print(pickContent[0])
12  # 方括号前需要加\转义
13  rule=r'\【最多推荐\】(.*?)»'
14  mostPickContent=re.findall(rule, content)[0]
```

```
15  print(mostPickContent)
16  rule='(.*?)\('  # 对小括号转义
17  txtContent = re.findall(rule, mostPickContent)[0]
18  print(txtContent)
19  # 解析评论数和点击数
20  rule= '\((.*?)\)'
21  txtContent=re.findall(rule, mostPickContent)[0]
22  print(txtContent.split('/'))
```

本范例程序的第 2 行到第 8 行定义了待进一步分析的字符串，在实际爬虫项目里，这部分内容是通过 BeautifulSoup 对象获取到的。

第 9 行代码是根据页面规则定义了截取【编辑推荐】内容的表达式，请注意其中包含了中文字符，所以需要用 u 来表示采用 utf8 的编码规则，具体而言，截取开始位置是"【编辑推荐】"，结束位置是"»"，(.*?)表达式表示截取中间的所有字符串。

第 10 行代码是通过调用 re 库的 findall 方法得到按规则提取到的内容，由于返回的是 list 对象，因此在第 8 行打印时还需要加上[0]，表示用 list 里的第 1 个元素，第 8 行的输出结果如下所示：

戏说领域驱动设计（十九）——外验 (3/2/202)

从中可以看到确实得到了预期的内容。

同理，可通过第 13 行的表达式来截取"【最多推荐】"到"»"之间的内容。这里请注意，由于左方括号"【"和右方括号"】"在原子表里需要转义，因此之前都加上了\符号。第 14 行的 findall 语句表示用第 13 行定义的规则匹配字符串，输出结果如下：

ASP.NET Core 在 IIS 下的两种部署模式 (12/24/2883)

其中不仅包含了最多推荐的文章标题，还用括号的形式定义了点赞数、评论数和点击数。如果要进一步截取标题，可以使用第 16 行的正则表达式，在"(.*?)\("表达式里没有指定开始字符，说明从头开始截取，同时指定了结尾字符是转义后的小括号。从第 18 行的输出语句中可以看到如下截取的内容：

ASP.NET Core 在 IIS 下的两种部署模式

其中只包含标题，没包含括号里的内容。

如果还要截取点赞数、评论数和点击数，需要用第 20 行的表达式"\((.*?)\)"，其中指定开始字符是"("，结束字符是")"，两者同样经过转义，通过这个表达式能得到"12/24/2883"字符串，对此可以再使用第 22 行的 split 方法用"/"分隔该字符串，最后得到如下的结果：

['12', '24', '2883']

其中三个数分别是点赞数、评论数和点击量。

5.5 动手练习

1. 依照 5.2.1 节给出的范例程序，用 Urllib 库里的 request 模块来获取 www.csdn.net 页面里的数据，同时设置超时时间为 1 秒。

2. 按照 5.3.5 节给出的步骤，通过 Chrome 浏览器分析 bokeyuan 网站的页面代码，并在此基础上爬取"编辑推荐""最多推荐""新闻头条"和"推荐新闻"部分的内容。

3. 按 5.4.4 节给出的步骤，通过 BeautifulSoup 爬虫库结合 re 正则表达式库，解析上一题里爬取到的 bokeyuan 网站页面里的"编辑推荐"的标题内容。

第 6 章

用 Scrapy 框架爬取数据

本章内容：

- Scrapy 框架概述
- 简单爬虫范例
- 复杂爬虫范例

在需求比较简单的爬虫项目里，可以直接采用 Urllib 和 BeautifulSoup 等来解析和爬取页面信息，但如果想在爬取过程中再引入"数据存储"和"自动化爬取"等需求，就必须使用 Scrapy 框架来爬取数据。

Scrapy 框架封装了创建爬虫项目和实现爬虫功能的相关命令和方法，通过使用 Scrapy 命令，可以直接生成一个爬虫模板项目，在此基础上，可以通过修改配置和添加 Scrapy 方法，便捷地实现爬取页面、提取数据和存储数据等功能。

6.1 Scrapy 框架概述

用 Scrapy 框架爬取各种网站的步骤大致相似，一般都包括新建 Scrapy 项目、分析网站网页 HTML 代码结构、制定爬取规则，再用 xPath 根据爬取规则编写爬取数据的代码，最后在

pipelines.py 文件里定义存储爬取结果的方法。

6.1.1　生成 Scrapy 项目

由于 Scrapy 不是 Python 的核心库，因此在使用 Scrapy 框架前，需要先通过 "pip3 install Scrapy" 命令安装 Scrapy 库。

安装 Scrapy 库时，需要确保 Python 解释器的版本在 3.5 以上，同时还需要确保已经安装好 lxml 和 Twisted 库，如果当前系统还没有这两个库，可以使用 "pip3 install" 命令安装即可。

通过上述命令安装完成 Scrapy 库后，可在 Python 安装路径的 Scripts 目录或在 pip3.exe 命令同级的目录里，看到 scrapy.exe 文件，可在 Path 环境变量的路径里添加该文件的路径，这样就可以在任意路径运行该命令来创建 Scrapy 项目。

创建 Scrapy 新项目的命令如下：

```
scrapy startproject myFirstProject
```

其中 scrapy startproject 是创建项目的命令，而参数 myFirstProject 是项目名。

6.1.2　观察 Scrapy 框架的构成

用 scrapy startproject 命令创建好 Scrapy 项目后，可以看到 myFirstProject 目录，在其中包含了如表 6.1 所示的爬虫项目的相关文件。

表 6.1　生成的 Scrapy 项目里的文件及其作用

文 件 名	作 用
scrapy.cfg	Scrapy 项目的配置文件
settings.py	在其中可以定义爬虫相关的配置信息
items.py	在其中可以定义待爬取页面数据的结构
pipelines.py	在其中可以定义存储所爬到数据的方式
middlewares.py	在其中定义随机切换 IP 等的逻辑
Spiders	在目录里，可以存放爬虫代码

从表 6.1 中可以看到 Scrapy 框架的具体构成，在本章的后面部分将讲述在上述文件里编写代码从而实现爬虫功能的具体方法。

6.1.3　分析 yield 关键字

由于在不少爬虫项目里会用 yield 关键字实现递归爬取的功能，因此这里先来讲讲它的用法。

包含 yield 关键字的方法是一个自带 next 函数的生成器，该生成器能多次执行。下面通过 yieldDemo.py 范例程序来介绍 yield 的作用。

```
yieldDemo.py
1    def getNextVal(val):
2        while val<3:
3            val = val+1
4            yield val
5    # <generator object getNextVal at 0x000001DCAF8AC6C8>
6    print(getNextVal(0))
7    gen = getNextVal(0)
8    # 输出 1
9    print(next(gen))
10   # 输出 2
11   print(next(gen))
12   # 下面的 for 循环输出 3
13   for num in getNextVal(2):
14       print(num)
```

本范例程序第 1 行定义 getNextVal 方法，在第 4 行结束位置使用了 yield 关键字而不是 return，也就是说，getNextVal 方法是一个生成器。

在第 7 行的代码里，通过 getNextVal(0)创建了一个生成器的实例，并把该生成器赋值给 gen 对象。随后在第 9 行调用该生成器的 next 方法时，进入了第 1 行定义的 getNextVal，一直运行到第 4 行，通过 yield 关键字返回了当前的 val 值 1。

在第 11 行继续通过 next(gen)方法调用这个生成器时，同样会进入到 getNextVal 方法，但此时是从上次第 9 行运行的结束状态继续执行，所以对应的 val 值会变成 2。

在第 13 行里，是把 getNextVal 生成器和 for 循环整合使用，在初始状态时，num 值是 2，在第 1 次 for 循环里，用这个生成器生成的 num 值是 3，随后通过 yield 返回，在后一次 for 循环里，getNextVal 生成器返回的 num 是 4，不满足第 2 行的 while 循环条件，所以就退出了循环。

从本范例程序中可以看出，通过 yield 创建和使用生成器的技巧。一方面，当调用该生成器时，会运行到 yield 位置返回当前生成的值；另一方面，在下次运行该生成器时，会从上次生成结果的基础上继续运行，以此了解使用 yield 和 return 的差别。

6.2　简单爬虫范例

本节我们讲述 Scrapy 框架的一般开发步骤，从中不仅能了解 Scrapy 框架中诸多关键文件的作用，还能掌握用 Scrapy 框架实现爬虫功能的一般方法。

本节只给出了"爬取单个数据字段"的开发步骤，在本章后续范例程序中，将会讲解"循环爬取多个页面多个字段"的开发方法。

6.2.1 创建爬虫项目

按上一节的步骤安装好 Scrapy 框架，并把 scrapy.exe 所在的路径添加到 Path 环境变量后，运行下面的代码，即新建一个用于爬取 bokeyuan 网站数据的爬虫项目——cnblogsPrj。

```
scrapy startproject cnblogsPrj
```

这里的 cnblogsPrj 爬虫项目用于爬取 bokeyuan 首页所有博文的标题，并用 JSON 文件保存这些数据，待爬取的文章如图 6.1 所示。

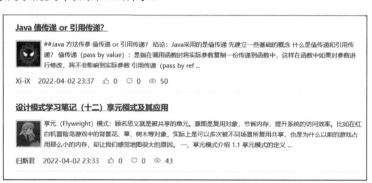

图 6.1　待爬取的文章

为了爬取指定的数据，首先通过观察页面的 HTML 源码，制定爬取规则，相关的源码如图 6.2 所示。

```
▼<article class="post-item" data-post-id="16094857"> fle
  ▼<section class="post-item-body"> flex
    ▼<div class="post-item-text">
        <a class="post-item-title" href="https://www.cnblog
        l" target="_blank">Java 值传递 or 引用传递？</a>
```

图 6.2　包含文章标题的 HTML 代码

从图中可以看到"文章标题"相关的 HTML 代码层次结构，其中第一层是包含 class=post-item 的 article 元素，第二层是包含 class 为 post-item-body 的 section 元素，第三层是 class 为 post-item-text 的 div 元素，第四层是包含文章标题的 a 元素。在后续的爬虫代码里，就将根据这个 HTML 层次结构，使用 xPath 语法解析"文章标题"的内容。

需要注意的是，为什么把第一层定义为 class=post-item 的 article 元素，而不是更上层的 HTML 元素，比如 Body 元素呢？原因是，通过这个 article 已经能有效定位到每篇文章的具体信息，所以可以用该元素作为解析文章标题和作者的最上层的 HTML 元素。

6.2.2 在 items 里定义数据模型

在 Scrapy 框架里，items 模块是用来定义待爬取内容的数据结构，这里由于只需要爬取文章标题，因此需要在前文创建的 cnblogsPrj 爬虫项目的 items.py 文件编写如下的代码：

```
items.py
1    import scrapy
2    class CnblogsItem(scrapy.Item):
3        # define the fields for your item here like:
4        title = scrapy.Field() # 文章标题
```

本范例程序的第 4 行定义了待爬取的文章标题属性，它是通过 scrapy.Field()方法生成的。如果要在 Scrapy 框架里爬取其他内容，也需要把其他内容用类似的方法定义到该 items 模块里。

6.2.3　生成爬虫文件

在命令行窗口中，进入 cnblogsPrj 项目的 spiders 目录，运行如下的 Scrapy 命令创建一个爬虫文件。

```
scrapy genspider blogSpider cnblogs.com
```

Scrapy 命令通过 blogSpider 参数指定了待创建的爬虫文件名，通过 cnblogs.com 参数指定待爬取的网站信息。运行该命令后，在 spiders 目录下会生成名为 blogSpider.py 的爬虫文件。

该文件是用来编写具体爬取页面的操作，由于这里需要爬取 bokeyuan 网站的文章标题，因此需要在该文件里编写如下的代码：

```
blogSpider.py
1    # -*- coding: utf-8 -*-
2    import scrapy
3    from cnblogsPrj.items import CnblogsItem
4    class BlogspiderSpider(scrapy.Spider):
5        name = 'blogSpider'
6        allowed_domains = ['www.cnblogs.com']
7        start_urls = ['https://www.cnblogs.com/']
8        def parse(self, response):
9            # 创建 item 对象
10           item = CnblogsItem()
11           # 开始爬取
12           item["title"] = response.xpath("//article[@class='post-item']
             //section[@class='post-item-body']//div[@class='post-item-text']
             //a/text()").extract()
13           return item
```

本范例程序的第 5 行代码定义了该爬虫的名字，第 6 行和第 7 行代码定义了待爬取网站的域名和起始爬取页面。

在通过执行上文给出的 "scrapy genspider blogSpider cnblogs.com" 命令创建该爬虫时，其实会自动生成第 5 行到第 7 行的代码，当然也可以根据实际爬取的业务需求手动更改这些代码。

该爬虫代码是通过第 8 行定义的 parse 方法来爬取页面，先用第 10 行代码生成一个用于保存爬取数据的 item 对象，在此基础上，通过第 12 行的 xPath 方法，根据上文制定的爬取规则，从页面里解析"文章标题"的内容并存入 item 对象。

在通过 xPath 爬取文章标题内容时，是用//article[@class='post-item']来表示第一层的元素，然后根据爬取规则依次类推，最后一层是 a/text()，表示截取 a 标签里的文本，由此能得到当前页面里的所有文章标题的内容。

在爬取好文章标题后，通过第 13 行的 return 语句返回，此时 Scrapy 框架会根据定义在 pipelines 文件里存储数据的方式来保存爬取到的信息。

6.2.4 在 pipelines 文件里定义数据的存储方式

在开发 Scrapy 框架代码时，需要在 pipelines.py 文件里定义数据的存储方式。在此范例中，需要在该文件里编写如下的代码，把爬到的文章标题数据存入 JSON 文件。

```python
pipelines.py
1    import codecs
2    import json
3    class CnblogsPrjPipeline(object):
4        # 该函数需要自己创建，初始化时运行
5        def __init__(self):
6            self.file = codecs.open("D:/work/cnblogs.json", "wb",
             encoding="utf-8")
7
8        # 运行爬虫项目后，关闭 JSON 文件
9        def close_spider(self, spider):
10           # 关闭 JSON 文件
11           self.file.close()
12
13       def process_item(self, item, spider):
14           # 通过 for 循环依次处理每条文章数据
15           self.file.write('[')
16           for index in range(0, len(item["title"])):
17               # 将文章标题的名称赋值给变量 title
18               title = item["title"][index]
19               # 重构一条记录
20               oneContent = {"title": title}
21               # 写入 JSON 文件
22               line = json.dumps(dict(oneContent), ensure_ascii=False)
23               self.file.write(line)
24               # 如果不是最后一行，加分隔符逗号和换行符
25               if(index !=len(item["title"]) -1 ):
26                   self.file.write(',\n')
27           self.file.write(']')
28           # 返回 item
29           return item
```

本范例程序第 5 行的 __init__ 方法会在初始化本类时被调用，该方法会通过第 6 行的 open 方法创建或打开指定目录下的 JSON 文件，以便存储爬取到的页面数据。

第 9 行中的 close_spider 方法会在爬虫项目关闭时被调用，然后通过第 11 行的 close 方法关闭用于保存数据的 JSON 文件。

在第 13 行的 process_item 方法里定义了把爬取结果存储到 JSON 文件里的操作。具体是通过第 16 行的 for 循环，依次遍历爬取到的 item 对象，在遍历时，逐条读取每个 item 里的 title 字段，并把它组装成一行 JSON 数据，随后调用第 23 行的 write 方法把该行 JSON 数据写入文件。

6.2.5　观察爬虫程序的运行结果

编写好上述代码后，还需要在该 Scrapy 框架的 settings.py 配置文件中加入如下的代码：

```settings.py
1    ITEM_PIPELINES = {
2        'cnblogsPrj.pipelines.CnblogsPrjPipeline': 300,
3    }
4    # 禁用 Cookies
5    COOKIES_ENABLED = False
```

第 1 行到第 3 行的代码定义了该爬虫项目里 pipelines 文件的线程号，同时通过第 5 行的代码禁止使用 Cookies。如果不加上述代码，本爬虫程序就有可能无法运行。

编写好上述配置文件后，可以打开命令行窗口，进入到 cnblogsPrj 爬虫的 spiders 目录，用如下的命令运行爬虫程序，其中 blogSpider 是爬虫的名字。

```
scrapy crawl blogSpider
```

运行后就能在对应的目录中看到所生成的 cnblogs.json 文件，在其中可以看到所爬取到的 bokeyuan 网站的文章标题信息，如图 6.3 所示。

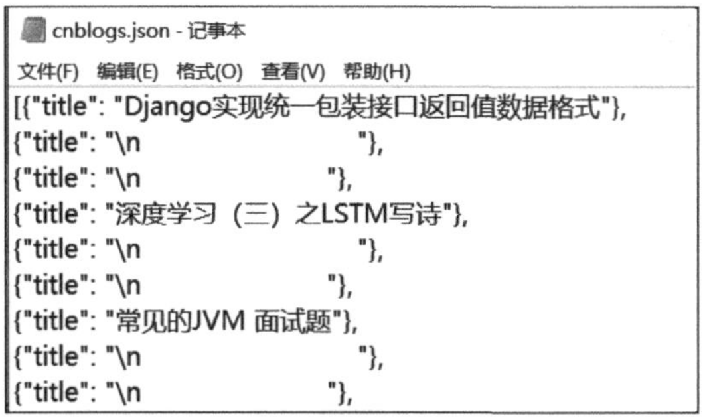

图 6.3　包含爬取到数据的 JSON 文件

6.2.6　Scrapy 框架开发爬虫项目的步骤

通过 Scrapy 框架开发爬虫项目的具体步骤如下：

步骤01 通过命令创建空白的爬虫模板项目，并根据待爬取数据的网页 HTML 层次结构制定爬取规则。

步骤02 在 items 模块里定义待爬取内容的数据结构。

步骤03 通过命令创建爬虫，并在其中的 parse 方法里，根据制定好的爬取规则，通过 xpath 方法爬取数据。

步骤04 在 pipelines 模块里编写保存数据的操作。

也就是说，当在使用 Scrapy 框架实现爬虫功能时，只需要定义"要爬什么数据"和"如何保存数据"等规则。而我们在通过命令启动基于 Scrapy 框架的爬虫后，Scrapy 框架会根据我们的设置，自动地爬取并保存数据。

6.3　复杂爬虫范例

在前面章节的范例程序中，爬取的操作相对简单，只是爬取一个页面的一类数据。事实上，在大多数的基于 Scrapy 的爬虫项目里，可能需要循环爬取多个页面，而在每个页面里，需要爬取多种类型的内容。在本节中，将以爬取 mydouban 网站的数据为例，讲述用 Scrapy 框架实现复杂爬取操作的技巧。

6.3.1　明确需求

这里将要爬取在 mydouban 网站金融页面内的金融图书信息，如图 6.4 所示。

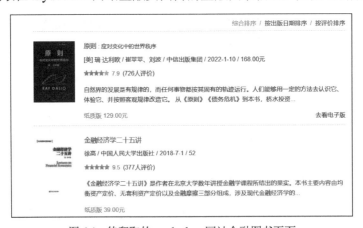

图 6.4　待爬取的 mydouban 网站金融图书页面

这里我们只爬取前 10 页中每本图书的标题、作者、出版社、出版日期、价格、评分和评论数信息，爬取的结果将以 CSV 格式的文件来存储。

提　示
此处爬取的网站页面只作为演示之用，请读者注意不要进行大规模爬取。

6.3.2　创建 Scrapy 项目

在明确待爬取 mydouban 网站图书信息的需求后，可以通过如下的命令创建名为 bookScrapy 的爬虫项目，在其中实现包含爬取操作的代码。

```
scrapy startproject bookScrapy
```

创建完成后，可进入到该项目的 spiders 目录，通过如下的命令创建爬虫文件。

```
scrapy genspider bookScrapy https://book.douban.com
```

其中 scrapy genspider 是 Scrapy 框架内创建爬虫的命令，通过该命令的 bookScrapy 参数可指定爬虫的名字，通过 https://book.douban.com 参数指定待爬取数据的页面。

运行该命令后，可在该项目的 spider 目录里看到名为 bookScrapy.py 爬虫文件，在其中可以添加包含 xPath 方法的代码，以实现爬取操作。

随后，可以用 Chrome 浏览器打开"https://book.douban.com/tag/金融"页面，并进入到"检查"窗口观察该页面的 HTML 代码。

"图书标题"的 HTML 代码层次结构如图 6.5 所示。

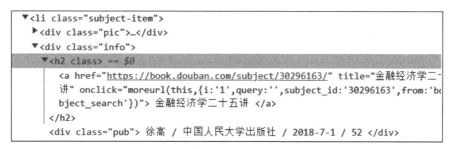

图 6.5　包含图书标题的 HTML 代码

从图中可以看到，图书标题的信息是在<li class="subject-item">/ <div class="info">/ <h2 class="">/ <a> 元素里，在后续的爬虫代码里，可以据此用 xpath 方法编写爬取代码。

包含"图书作者""出版社""出版日期"和"价格"等信息的 HTML 代码层次结构如图 6.6 所示。

```
▼<li class="subject-item">
  ▶<div class="pic">…</div>
  ▼<div class="info">
    ▶<h2 class>…</h2> == $0
      <div class="pub"> 徐高 / 中国人民大学出版社 / 2018-7-1 / 52 </div>
```

图 6.6　包含图书作者等信息的代码

从图中可知，这些信息都处于\<li class="subject-item"\>/ \<div class="info"\>/\<div class="pub"\>
的文本中。

再看一下每本图书包含的评分和评论数等信息，相关的 HTML 页面代码结构如图 6.7 所示。

```
▼<li class="subject-item">
  ▶ <div class="pic">…</div>
  ▼ <div class="info">
    ▶ <h2 class>…</h2>
      <div class="pub"> [美] 瑞·达利欧 / 崔苹苹、刘波 /
      168.00元 </div>
    ▼ <div class="star clearfix">
        <span class="allstar40"></span>
        <span class="rating_nums">7.9</span> == $0
        <span class="pl"> (726人评价) </span>
        ::after
      </div>
  </div>
```

图 6.7　包含评论数等信息的代码

这些信息都处于\<li class="subject-item"\>/ \<div class="info"\>/\<div class="star"\>/\<span\>的文
本中。由于在\<li class="subject-item"\>/ \<div class="info"\>/\<div class="star"\>/之下，有多个\<span\>
元素，因此在编写相应的爬虫代码时，还需指定获取索引值是 1 和 2 的\<span\>里的数据。

再来看一下如图 6.8 所示的每页中的翻页代码，从图中可以看到，在\<span class="next"\>元
素的\<a\>文本里，能得到下一页的 URL 地址，据此可在爬虫代码里实现跳转到下一页的操作。

```
▼<span class="next">
    <link rel="next" href="/tag/金融?start=20&type=T">
      <a href="/tag/金融?start=20&type=T">后页></a> == $0
  </span>
```

图 6.8　包含翻页代码

6.3.3　定义图书的数据模型

在明确待爬取的内容后，需在该 Scrapy 框架项目的 items.py 范例程序里定义相应的数据
模型，具体代码如下所示。

```
items.py
1    class BookscrapyItem(scrapy.Item):
2        # define the fields for your item here like:
3        title = scrapy.Field()          # 图书标题
4        author = scrapy.Field()         # 图书作者
5        publishingHouse = scrapy.Field()    # 出版社
6        dateTime = scrapy.Field()       # 出版日期
7        price = scrapy.Field()          # 价格
8        score = scrapy.Field()          # 评分数
9        commentsNumber = scrapy.Field()     # 评论数
```

在本模块里，定义了待爬取数据的所有属性，这些属性都是用 scray.Field 的方法定义的。

在该 Scrapy 项目的爬虫模块里，用 xPath 方法爬取到图书信息后，会把图书信息填充到该 BookscrapyItem 对象中，而在定义数据保存方式的 pipelines.py 模块里，会把用该对象保存的图书信息存入 CSV 文件。

6.3.4　编写代码实现爬虫功能

本节将在 bookScrapy.py 爬虫文件中，根据前文分析的页面机构，编写如下代码实现爬取图书标题等信息的功能。

```
bookScrapy.py
1   import scrapy
2   from bookScrapy.items import BookscrapyItem
3   class BookscrapySpider(scrapy.Spider):
4       name = 'bookScrapy'
5       allowed_domains = ['douban.com']
6       start_urls = ['https://book.douban.com/tag/金融']
7       def parse(self, response):
8           books = response.xpath('//li[@class="subject-item"]/div
            [@class="info"]')
9           for oneBook in books:
10              item = BookscrapyItem()
11              title = oneBook.xpath("normalize-space( h2[@class='']/a/text())
                ").extract_first()
12              author = oneBook.xpath("normalize-space( div[@class='pub']/
                text()  )").extract_first().split('/')[1]
13              publishingHouse = oneBook.xpath("normalize-space( div[@class=
                'pub']/text()  )").extract_first().split('/')[-3]
14              dateTime = oneBook.xpath("normalize-space( div[@class=
                'pub']/text()  )").extract_first().split('/')[-2]
15              price = oneBook.xpath("normalize-space( div[@class=
                'pub']/text()  )").extract_first().split('/')[-1]
16              score = oneBook.xpath("div[@class='star clearfix']/span
                [@class='rating_nums']/text()").extract_first()
17              commentsNumber = oneBook.xpath("normalize-space(div
                [@class='star clearfix']/span[@class='pl']/text())").
                extract_first()
18
19              item['title'] = title
20              item['author'] = author
21              item['publishingHouse'] = publishingHouse
22              item['dateTime'] = dateTime
23              item['price'] = price
24              item['score'] = score
25              item['commentsNumber'] = commentsNumber
26              yield item
27          # 下一页的链接地址
```

```
28          nextUrl = response.xpath("//span[@class='next']/link/
            @href").extract_first()
29          # 如果 url 中有这个内容，则退出
30          # 只爬取前 10 页的数据
31          if (nextUrl.find('start=200') != -1):
32              return
33          else:
34              # 用 yield 递归调用，爬取下一页的内容
35              yield scrapy.Request("https://book.douban.com" + nextUrl,
                callback=self.parse,dont_filter=True)
```

本范例程序在第 7 行的 parse 方法中定义了爬取金融类书籍各项信息的操作。

在第 8 行的代码中调用 xpath 方法得到当前页面包含的所有图书信息的 HTML 代码块，而之后通过第 9 行的 for 循环，依次爬取该页面中每本书的信息。比如在第 11 行，是通过如下的代码，根据之前分析过的 HTML 代码层次结构，调用 xpath 方法得到“图书标题”的信息。

```
title = oneBook.xpath("normalize-space( h2[@class='']/a/text())
").extract_first()
```

在之后的第 12 到第 17 行的包含 xpath 方法的代码中，也是根据对应的 HTML 代码层次结构逐一得到其他信息，随后再通过第 19 行到第 25 行的代码把爬取到的图书信息放入 item 对象。

在把一本图书的信息存入 item 对象后，通过第 26 行的 yield item 方法，把这条信息提交给 pipelines.py 模块，再通过 pipelines.py 模块把这条数据存入 CSV 文件。

如前文所述，yield 是一个生成器，在 parse 方法中每爬取好一本书的信息后，会通过 yield 语句把该条信息写入 CSV 文件，随后返回 yield 语句处，从当前位置继续执行 parse 方法的后继操作，继续解析下一本图书的信息，再把下一本图书信息的数据写入 CSV 文件。以此类推，照此方式爬取完该页面的所有图书信息。

爬取并存储好当前页面的所有图书信息后，再通过第 28 行的代码获得指向下一页的 URL 连接，随后再通过第 35 行的 yield 语句继续处理下一页的图书信息。

本范例只需要爬取前 10 页的图书信息，所以加入了如第 31 行所示的 if 判断，当在 URL 请求里出现“start=200”的字符串后，就说明已经进入到了第 11 页，此刻需要通过第 32 行的 return 语句退出 parse 方法。读者在此可以再请体会一下 yield 和 return 语句的差别。

6.3.5　把爬取结果存为 CSV 文件

该 Scrapy 项目在 pipelines.py 文件里定义了把爬取到的图书信息存入 CSV 文件的操作，该文件的具体代码如下所示。

```
pipelines.py
1   import csv
2   import os
3   class BookscrapyPipeline(object):
4       def __init__(self):
5           filename = 'D://work//book.csv'
6           if (os.path.exists(filename)):
7               os.remove(filename)
8           self.file = open(filename, 'a+', encoding='utf-8')
9           self.writer = csv.writer(self.file)
10      def process_item(self, item, spider):
11          self.writer.writerow(
12              (item['title'], item['author'], item['publishingHouse'],
                 item['dateTime'], item['price'],
13                item['score'], item['commentsNumber'])
14          )
15          return item
16      def close_spider(self, spider):
17          self.file.close()
```

本爬虫程序启动时，会调用第 4 行的__init__方法，其中先用第 6 行的 if 语句判断 CSV 文件是否存在，如果存在则调用第 7 行的 remove 方法删除，随后再通过第 8 行的代码在指定的路径下创建 CSV 文件，同时再通过第 9 行的代码生成用于写 CSV 文件的 writer 对象。

在 bookScrapy.py 爬虫模块的 parse 方法中，一旦解析好当前页面的一本图书信息后，会用 yield item 代码把包含该图书信息的 item 对象传给第 10 行所定义的 process_item 方法，在该方法中，会调用 self.writer.writerow 方法把该条图书信息写入 CSV 文件。

当爬虫程序运行结束时，会调用第 16 行的 close_spider 方法，通过第 17 行的 close 方法关闭 CSV 文件。

6.3.6　运行爬虫并观察结果

编写完上述代码后，在命令行窗口中用 CD 命令进入到 bookScrapy 目录，用如下命令启动爬虫程序（其中的 bookScrapy 是爬虫名）。

```
scrapy crawl bookScrapy
```

运行完成后，在代码中指定的 D:\work 目录下可以看到包含金融类图书的 book.csv 文件，大致结果如图 6.9 所示，从中可以看到所爬取到的图书标题和作者等信息。

```
原则, 崔苹苹、刘波, 中信出版集团 , 2022-1-10 , 168.00元,7.9,(722人评价)

金融经济学二十五讲, 中国人民大学出版社 , 中国人民大学出版社 , 2018-7-1 , 52,9.5,(377人评价)

拯救华尔街, 孟立慧 , 广东经济出版社 , 2009-3-1 , 39.80元,8.6,(200人评价)

债务危机, 赵灿、熊建伟、刘波、崔苹苹、何杰奎林 , 中信出版社 , 2019-3 , 98.00元,8.7,(2741人评价)
```

图 6.9　包含图书信息的 CSV 文件

6.4 动手练习

1. 按 6.1.1 节所述，在本地系统中通过"pip3 install Scrapy"命令安装 Scrapy 框架的开发环境。

2. 按 6.2.1 节给出的步骤，创建名为 cnblogsPrj 的 Scrapy 项目，并按照 6.2 节给出的步骤，在该项目里实现爬取某博客网站首页所有博文标题的功能。并在此基础上，理解和分析 HTML 页面制定爬取规则的方法。

3. 运行 6.3 节所给出的 bookScrapy 范例程序，尝试爬取一个图书网站前 10 种金融类图书的信息。在此基础上，进一步理解通过 xpath 方法根据已制定的爬取规则，从页面里爬取数据的方法。同时，通过阅读该项目 pipelines.py 文件中的代码，进一步理解"保存爬到数据"的一般方法。

第 7 章

数据预处理与数据分析方法

本章内容：

- 基于 Python 的数据预处理
- 描述性统计
- 概率分析方法与推断统计
- 基于时间序列的统计方法

　　数据预处理是指在数据分析前，对缺失数据进行统一处理，或者是从整体的角度对待分析的数据进行统一转换，以便能更好地对样本数据进行分析，而数据分析方法一般包括描述性统计和推断统计等方法。

　　通过本章的学习，读者不仅能进一步熟悉基于 NumPy 等库的 API 的用法，还能从方法论的角度，学到数据预处理和数据分析的相关方法和技巧。

7.1 基于 Python 的数据预处理

　　在大多数的数据分析应用场景中，通过各种渠道得到的数据样本有可能出现缺失值或重复值，或样本数据分布不均匀。这类数据需要在经预处理后才能交付分析，本节将讲述常用的数据预处理的方法和基于 Python 的实现方式。

7.1.1   数据规范化处理

数据规范化处理，也叫归一化处理，这是数据预处理过程中的一个常见操作。

对于某些样本数据，不同属性的数据往往具有不同的量纲，比如在描述股票收盘价的样本数据里，收盘价的单位是元，成交量的单位是万手，而诸如 MACD 等分析指标则没有单位。

由于不同的属性值量纲不同，因此这些属性值的数据差异会很大，为了消除因量纲而产生的数据差异，同时提升数据分析结果的准确性，一般需要对这些数值进行规范化处理。

常见的规范化处理的方式如下，即处理后的新值等于原值减去样本的均值，再除以样本的标准差。

```
x*=(x-均值)/标准差
```

通过如下的ScaleDemo.py范例程序，读者可以看到对样本数据进行规范化处理的一般方法。

```
ScaleDemo.py
1    #coding=utf-8
2    import numpy as np
3    origData = np.array([[12,3,60],
4                         [7,5,20],
5                         [9,6,50]])
6    # 计算均值
7    avg = origData.mean(axis=0)
8    # 计算标准差
9    std=origData.std(axis=0)
10   # 减去均值，除以标准差
11   print((origData-avg)/std)
```

本范例程序的第 3 行，通过 NumPy 库的 array 方法模拟生成了样本数据，第 7 行通过 mean 方法计算该样本数据的均值，第 9 行通过 std 方法计算标准差，随后在第 11 行按上述规范化算法，对样本数据进行规范化处理，最终输出了如下的结果：

```
1    [[ 1.29777137 -1.33630621  0.98058068]
2     [-1.13554995  0.26726124 -1.37281295]
3     [-0.16222142  1.06904497  0.39223227]]
```

从上述输出结果可以看到，同一列的三个数据，均值都是 0，标准差都是 1，由此完成了对样本数据的规范化处理。

7.1.2   缺失值处理

在从文件等数据源里向Pandas库的DataFrame对象导入数据时，由于数据文件未必规范，因此非常有可能出现数据缺失的现象。比如，在如下的 studentWithEmpty.csv 文件里出现了年龄和成绩部分数据的丢失，如图 7.1 所示。

	A	B	C	D
		name	age	score
0		Mary		88
1		Tim	20	
2		Mike		92

图 7.1　含缺失数据的 CSV 文件

在对该文件中的数据进行分析之前，一般需要用 fillna 方法填充缺失值，比如把缺失的年龄数据统一填充为 18，把缺失的成绩数据统一填充为 90。通过如下的 CsvToDFWithNaN.py 范例程序演示了如何处理缺失值。

```
CsvToDFWithNaN.py
1    import pandas as pd #导入 Pandas
2    studentDf = pd.read_csv("d:\\work\\studentWithEmpty.csv",encoding="utf-8")
3    '''下面打印语句的输出如下
4       Unnamed: 0  name   age   score
5    0           0  Mary   NaN   88.0
6    1           1   Tim  20.0    NaN
7    2           2  Mike   NaN   92.0
8    '''
9    print(studentDf)
10   studentDf['age'].fillna(18,inplace = True)      # 更新 age 列的 NaN 为 18
11   studentDf['score'].fillna(90,inplace = True)    # 更新 score 列的 NaN 为 90
12   '''下面打印语句的输出如下
13      Unnamed: 0  name   age   score
14   0           0  Mary  18.0   88.0
15   1           1   Tim  20.0   90.0
16   2           2  Mike  18.0   92.0
17   '''
18   print(studentDf)
```

由于 studentWithEmpty.csv 文件里有缺失值，因此在第 2 行用 read_csv 方法读入 DataFrame 对象后，缺失值会以 NaN 表示，如第 4 行到第 7 行所示。

为了填充这些缺失数据，可以像第 10 行和第 11 行那样，用 fillna 方法按一定规则更新指定列的缺失值，比如把 age 列的缺失值填充为 18，把 score 列的缺失值填充为 90，第 14 行到第 16 行的注释内容就是填充后的结果。

在调用 fillna 方法填充缺失值时，注意如下两个要点：第一，需要通过 inplace=True 的方式，让更改生效；第二，需要根据实际业务情况，把不同列的缺失值 NaN 填充成不同的值。

7.1.3 重复值处理

从数据源中读到的数据有可能出现重复的情况，如图 7.2 所示，名为 Mike 的学生数据出现了重复的情况。

	A	B	C	D
		name	age	score
0	Mary	19	88
1	Tim	20	90
2	Mike	21	92
2	Mike	21	92

图 7.2 含重复数据的 CSV 文件

在如下的 CsvRemoveDup.py 范例程序中演示了如何用 drop_duplicates 方法去除重复值。

```
CsvRemoveDup.py
1   import pandas as pd #导入Pandas
2   studentDf = pd.read_csv("d:\\work\\studentWithDup.csv",encoding="utf-8")
3   '''下面打印语句的输出如下
4      Unnamed: 0  name  age  score
5   0          0  Mary   19     88
6   1          1   Tim   20     90
7   2          2  Mike   21     92
8   3          2  Mike   21     92
9   '''
10  print(studentDf)
11  studentDf.drop_duplicates(keep='first',inplace=True)
12  '''下面打印语句的输出如下
13     Unnamed: 0  name  age  score
14  0          0  Mary   19     88
15  1          1   Tim   20     90
16  2          2  Mike   21     92
17  '''
18  print(studentDf)
```

在本范例程序的第 11 行调用 drop_duplicates 方法实现去重操作，其中通过 keep 参数指定保留重复数据中的第一条数据，删除其他的重复数据，同时通过 inplace 参数让更改生效。从第 13 行到第 16 的输出结果中可看到，在原 CSV 文件中存在的重复数据已被删除。

7.2 Python 与 MySQL 数据库的交互

数据在预处理之后，如果有必要，会把中间结果存入 MySQL 数据库，之后，可通过 Python

对 MySQL 数据库的数据进行各种操作，本节将讲述 Python 通过 PyMySQL 库实现对 MySQL
数据库的增删改查的操作技巧。

7.2.1　在本地搭建 MySQL 环境

为了使用 MySQL，需要在本地计算机系统中安装 MySQL 服务器，安装好以后即可通过
命令行来执行数据库的相关操作，如创建连接或执行 SQL 语句等。为了方便起见，可以通过
客户端来管理和操作数据库及其数据表，本书使用的是 Navicat，搭建 MySQL 服务器和 Navicat
环境的步骤如下所示。

步骤 01　下载并安装 MySQL Community Server 作为服务器，安装完成后，设置本地域名
为 localhost，端口是 3306，用户名是 root，密码是 123456。这里给出的是本章范例程序演示
的配置，读者可以根据实际情况进行调整。

步骤 02　选用 Navicat for MySQL 作为客户端管理工具，通过这个工具可以创建与服务器
的连接，如图 7.3 所示，其中输入连接名为 PythonConn，密码是之前设置的 123456。

图 7.3　通过 Navicat 连接 MySQL 服务器

步骤 03　创建连接后，单击图 7.3 中的"连接测试"按钮来确认连接的正确性，如果正确，
单击"确定"按钮保存该连接。随后，通过鼠标单击进入到这个连接后，就能看到其中的数据
库模式（即 Schema，描述数据库中表、视图、索引等对象的组织方式和关系，这个词也常被
翻译成架构或结构，特指数据库架构或数据库结构），如图 7.4 所示。

图 7.4　数据库模式（Schema）

7.2.2　安装用来连接 MySQL 的 PyMySQL 库

本书使用的 Python 版本是 Python 3，所以要用 PyMySQL 库来连接 MySQL 数据库。在命令行中到 pip3.exe 所在的目录里运行如下命令，以安装 PyMySQL 包。

```
pip3 install PyMySQL
```

安装好以后，会看到如图 7.5 所示的提示信息。

图 7.5　在命令行窗口中安装 PyMySQL 库时显示的提示信息

接下来可以在 MySQL 中创建数据库，具体步骤是，在上文创建的 PythonConn 连接上，右击，在弹出的快捷菜单中选择"新建数据库"命令，如图 7.6 所示。

图 7.6　单击"新建数据库"命令

打开"新建数据库"对话框，输入数据库名为 pythonStock，再单击"确定"按钮完成创建，如图 7.7 所示。

图 7.7　输入数据库名

在该数据库中，创建名为 stockInfo 的数据表，该表的结构如表 7.1 所示。

表 7.1　stockInfo 数据表及其字段

字　段　名	类　　型	含　　义
date	varchar	交易日期
open	float	当天的开盘价
close	float	收盘价
high	float	最高价
low	float	最低价
vol	int	成交量（单位是股）
stockCode	varchar	股票代码

7.2.3   通过 select 语句执行查询

在创建完数据库及其数据表后，就可以手动向 stockInfo 表里插入一条记录（即一条数据），如图 7.8 所示。

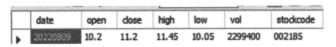

date	open	close	high	low	vol	stockcode
20220809	10.2	11.2	11.45	10.05	2299400	002185

图 7.8   向 stockInfo 表中手动插入一条记录

下面通过 TestMySQLDB.py 范例程序来演示连接数据库并输出 stockInfo 表中的数据信息。

```
TestMySQLDB.py
1    #!/usr/bin/env python
2    #coding=utf-8
3    import pymysql
4    import sys
5    import pandas as pd
6    try:
7        # 打开数据库连接
8        db = pymysql.connect("localhost","root","123456","pythonStock" )
9    except:
10       print('Error when Connecting to DB.')
11       sys.exit()
12   cursor = db.cursor()
13   cursor.execute("select * from stockinfo")
14   # 获取所有的数据，但不包含列表名
15   result=cursor.fetchall()
16   cols = cursor.description   # 返回列表头信息
17   print(cols)
18   col = []
19   # 依次把每个 cols 元素中的第一个值放入 col 数组
20   for index in cols:
21       col.append(index[0])
22   result = list(result)          # 转成列表，方便存入 DataFrame
23   result = pd.DataFrame(result,columns=col)
24   print(result)                  # 输出结果
25   # 关闭游标和连接对象，否则会造成资源无法释放
26   cursor.close()
27   db.close()
```

本范例程序的第 3 行中通过 import 语句导入用于连接 MySQL 的 PyMySQL 库（注意在导入语句中该库名用小写 pymysql）。第 6 行到第 11 行通过 try…except 语句连接到 MySQL 的 pythonStock 数据库。

请注意第 8 行的 pymysql.connect 语句，它的第一个参数表示要连接数据库的 URL 地址，即 localhost，第二个和第三个参数表示连接所需的用户名和密码，第四个参数表示连接到哪个

数据库。该方法会返回一个连接对象，这里是 db 对象。

由于连接数据库时有可能会抛出异常，因此在第 9 行中用 except 来接收并处理异常，第 10 行用于输出错误提示信息，在第 11 行调用 sys.exit() 退出程序。

在获得 db 连接对象后，在第 12 行和第 13 行中创建了游标 cursor 对象，并通过游标来执行用于返回 stockInfo 表中所有数据的 SQL 语句。第 15 行调用 fetchall 方法返回 stockInfo 表里的所有数据并赋值给 result 对象。请注意，这里 result 对象中只包含数据，并不包含字段名信息。

第 16 行通过调用 cursor.description 返回数据库的字段信息，执行第 17 行的打印语句就能看到 cols 其实是以元组（Tuple）的形式保存了各字段的信息，其中每个元组的元素中包含该字段的名字和长度等信息。

```
(('date', 253, None, 255, 255, 0, True), ('open', 4, None, 12, 12, 31, True)…
省略其他字段的输出语句
```

在第 20 行和第 21 行的 for 循环中，把每个 cols 元素的第 0 个索引值（其中包含字段名）放入了 col 数组，在第 22 行和第 23 行中则整合了 stockInfo 表的字段列表和所有数据，并存放到 DataFrame 类型的 result 对象中。

第 22 行语句把 result 强制转换成列表的用意是，在第 23 行构造 DataFrame 类型的对象时，第一个参数必须是列表类型。执行第 24 行的 print 语句，就能看到如下的输出结果，其中包含了字段名和数据。

```
     date        open      close     high      low      vol       stockCode
0    20220809    10.20     11.20     11.45     10.05    2299400    002185
```

注意，在完成对 MySQL 数据库的操作后，一定要执行第 26 行和第 27 行所示的程序代码来关闭游标和数据库连接对象，如果不关闭的话，一旦数据库的连接数到达上限，后续程序就有可能无法获得对数据库的连接。

7.2.4　执行增、删、改操作

上文的范例程序是通过 select 语句读取数据，此外还可以调用 PyMySQL 库中的方法对 MySQL 数据库中的数据表进行数据的插入、删除和更新操作。以下的 MySQLDemoSql.py 范例程序示范了这些操作。

```python
MySQLDemoSql.py
1   #!/usr/bin/env python
2   #coding=utf-8
3   import pymysql
4   import sys
5   try:
6       # 打开数据库连接
7       db = pymysql.connect("localhost","root","123456","pythonStock" )
```

```
8    except:
9        print('Error when Connecting to DB.')
10       sys.exit()
11   cursor = db.cursor()
12   # 插入一条记录
13   insertSql="insert into stockinfo (date,open,close,high,low,vol,stockCode )
     values ('20220810',10.68,10.74,11.21,10.59,2121500,'002185')"
14   cursor.execute(insertSql)
15   db.commit()          # 需要调用 commit 方法才能把操作提交到数据表中使之生效
16   # 删除一条记录
17   deleteSql="delete from stockinfo where stockCode = '002185' and
     date='20220810'"
18   cursor.execute(deleteSql)
19   db.commit()
20   # 更新数据
21   insertErrorSql="insert into stockinfo (date,open,close,high,low,vol,
     stockCode ) values ('20220810000',10.68,10.74,11.21,10.59,2121500,'002185')"
22   cursor.execute(insertErrorSql) # 插入了一条错误的记录，date 不对
23   db.commit()
24   updateSql="update stockinfo set date='20220810' where date='20220810000'
     and stockCode = '002185'"
25   cursor.execute(updateSql)
26   db.commit()
27   cursor.close()
28   db.close()
```

本范例程序的第 13 行代码定义了一条执行 insert 的 SQL 语句，第 14 行通过调用 cursor.execute 方法执行这条 SQL 语句。如果不执行第 15 行的 db.commit()语句，第 13 行的 insert 语句就不会生效。

第 17 行到第 19 行代码通过 delete 语句示范了删除数据的用法，同样请注意，在第 18 行执行完 cursor.execute 之后，也需要在第 19 行调用 db.commit()方法使 delete 操作生效。

第 21 行到第 23 行代码插入了一个错误的记录，该记录中，日期是'20220810000'，正确的应该是'20220810'，所以在第 24 行到第 26 行通过 update 语句更新了这条记录。

其实这个范例程序执行了 4 个针对数据库的操作：第一个是插入了股票代码为 002185、日期是 20220810 的交易数据；第二个是删除了该条记录；第三个是插入了股票代码 002185、日期是 20220810000 的数据；第四个是把第三个操作中插入数据中的日期改为 20220810。

至此，在数据库中应该多了一个代码为 002185、日期是 20220810 的交易记录（即交易数据），如果通过 Navicat 客户端来查看 stockInfo 表，就能验证这个插入操作的结果，如图 7.9 所示，其中第二行即为新插入的交易数据。

date	open	close	high	low	vol	stockcode
20220809	10.2	11.2	11.45	10.05	2299400	002185
20220810	10.68	10.74	11.21	10.59	2121800	002185

图 7.9　新插入交易数据后的结果图

在插入数据的时候还需要注意一点，在 insert 语句中的 values 关键字之前，需要详细给出字段列表，而之后的多个值是和字段列表一一对应的。

```
insert into stockinfo (date,open,close,high,low,vol,stockCode ) values
('20220810',10.68,10.74,11.21,10.59,2121800,'002185')
```

当然，在这个范例程序中如果不写字段列表，语法上也没问题，也能正确地插入数据，但这样的话，不仅代码的可读性很差，其他人也很难理解插入的值究竟对应到哪个字段。而且，当新增了字段时，比如在 date 和 open 之间插入一个 amount（成交金额）字段，那么 values 之后的第二个参数就会对应到"成交金额"，而不是之前所预期的"开盘价"，从而给后续程序的维护和升级留下隐患。

7.3　描述性统计

描述性统计是数学分析中的一种常用方法，这种统计方法是用图形或概括性数据来描述数据的各项特征，其中主要包括数据的频数分析、集中趋势分析和离散程度分析等统计操作。

通过描述性统计方法，数据分析员能分析出样本数据的整体状况以及数据之间的关系。本节将以股票数据为例，讲述描述性统计在数据分析中的应用。

7.3.1　对样本数据的分析

这里以股票数据为例进行讲解。图 7.10 是后文将要分析的股票样本数据，这些数据会以 CSV 格式的文件来存储。

	A	B	C	D	E	F	G
	Date	High	Low	Open	Close	Volume	Adj Close
	2019/7/1	5.92	5.77	5.81	5.9	10867154	5.9
	2019/7/2	6.05	5.91	5.97	5.93	10452745	5.93
	2019/7/3	5.95	5.78	5.93	5.8	7497325	5.8
	2019/7/4	5.88	5.74	5.8	5.83	6318442	5.83
	2019/7/5	5.83	5.71	5.8	5.75	5882350	5.75
	2019/7/8	5.73	5.42	5.72	5.44	9336800	5.44
	2019/7/9	5.52	5.36	5.4	5.46	5058200	5.46
	2019/7/10	5.48	5.36	5.43	5.39	3101850	5.39

图 7.10　待分析的股票数据

其中 Date 字段用于记录交易时间，High 和 Low 字段分别用来记录该股票在当天的最高和最低值，其单位是元，而 Open 和 Close 字段分别用来记录该股票在当天的开盘价和收盘价，Volume 字段则用来记录当天的成交量，单位是股，Adj Close 字段则用来记录当天调整的收盘价。

7.3.2　平均数、中位数和百分位数

平均数的算法是，先求出样本的和，再除以样本的个数。中位数也叫中值，如果样本个数是奇数，那么数据排序后，处于居中位置的数是中位数，如果样本个数是偶数，排序后中间两个数的均值是中位数。也就是说，样本数据中有一半的样本比中位数大，有一半比它小。

把中位数的概念再扩展一下，就会得到百分位数。比如第 25 百分位数的含义是，样本数据里有 25%的数据小于等于它。在有些数据分析项目里，还会把第 25 百分位数、中位数和第 75 百分位数组合起来形成四分位数，因为通过这些数，能把样本数据分成四部分。其中第 25 百分位数也叫下四分位数，第 75 百分位数也叫上四分位数。

在讲述理解了上述概念后，以下通过 CalAvg.py 范例演示如何求出平均数、中位数和四分位数。

```
CalAvg.py
1    import pandas as pd
2    filename='D:\work\data\\600530.ss.csv'
3    df = pd.read_csv(filename,encoding='gbk')    # 读取数据到 DataFrame 里
4    print(df['Close'].mean())          # 输出收盘价的平均值
5    print(df['Close'].median())        # 输出收盘价的中位数
6    print(df['Close'].quantile(0.5))   # 输出收盘价第 50 百分位数
7    print(df['Close'].quantile(0.25))  # 输出收盘价第 25 百分位数
8    print(df['Close'].quantile(0.75))  # 输出收盘价第 75 百分位数
```

本范例程序在分析数据前，是通过第 3 行的代码，从保存股票数据的 CSV 文件里获取数据并存入 DataFrame 对象里。由于该对象已经封装了各种统计数据的方法，因此在之后的代码里，会直接调用相关方法执行求平均数等操作。

第 4 行的代码调用 mean 方法求平均值，在调用时，还可以像 df['Close']那样，指定计算平均数的字段，随后的第 5 行代码调用 median 方法计算指定列的中位数。

第 6 行到第 8 行的代码调用 quantile 方法求百分位数，比如第 6 行的参数是 0.5，表示求 50 百分位数，第 7 行的参数是 0.25，表示求 25 百分位数，第 8 行的参数是 0.75，表示求 75 百分位数。

运行本范例程序，可以看到如下的输出结果：

```
5.062460301414369
5.004999876022339
5.004999876022339
4.832499980926514
5.287500023841858
```

其中第 2 行输出的中位数和第 3 行输出的 50 百分位数是一个结果。

7.3.3　用箱状图展示分位数

箱状图能用可视化的方式形象地展示平均数和各分位数的分布情况。如下的 BoxPlotDemo.py 范例程序演示了如何用箱状图分析股票收盘价的分布情况。

```
BoxPlotDemo.py
1    import pandas as pd
2    import matplotlib.pyplot as plt
3    filename='D:\work\data\\600530.ss.csv'
4    df = pd.read_csv(filename,encoding='gbk')   # 把数据读入 DataFrame
5    df['Close'].plot.box(patch_artist=True,notch = True)   # 绘制箱状图
6    plt.show()
```

本范例程序的第 4 行代码是通过调用 read_csv 方法把包含股票收盘价数据的 CSV 文件读入 df 对象，随后通过第 5 行的 plot.box 方法绘制"收盘价"的箱状图，本范例程序运行后的效果如图 7.11 所示。

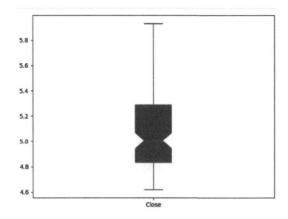

图 7.11　用箱状图绘制出股票收盘价

其中，在第 6 行绘制箱状图时传入了两个参数，patch_artist 参数指定绘制时需要填充箱体颜色，notch 参数表示用凹口的方式展示箱状图。

从上述箱状图中，可以清晰地看到样本数据中最高和最低收盘价的数值，以及第 25、第 50 和第 75 百分位数的值。

7.3.4　用小提琴图展示数据分布情况

在数据分析的应用场景中，小提琴图能综合箱状图与核密度图的特性，不仅能展示数据的各分位数，而且还能看出样本数据的分布情况，即每个数值点上样本的密度。

从统计学角度来看，样本越密集的数值区域，接下来的数据出现在这里的概率也就越大，也就是说，小提琴图还能起到预测数据的作用。

以下的 ViolinplotDemo.py 范例程序演示了如何通过 violinplot 方法绘制基于股票收盘价的

小提琴图。

```
ViolinplotDemo.py
1    import pandas as pd
2    import matplotlib.pyplot as plt
3    filename='D:\work\data\\600530.ss.csv'
4    df = pd.read_csv(filename,encoding='gbk',index_col=0)
5    fig = plt.figure()
6    plt.rcParams['font.sans-serif']=['SimHei']
7    axViolin = fig.add_subplot(111)
8    axViolin.violinplot(df['Close'],showmeans=False,showmedians=True)
9    axViolin.set_title('描述收盘价的小提琴图')
10   axViolin.grid(True)              # 带网格线
11   plt.show()
```

本范例程序的第 4 行代码从 CSV 文件里得到股票数据，随后在第 8 行调用 violinplot 方法，根据第一个参数 df['Close']，绘制出基于股票收盘价的小提琴图。

在绘制时，通过设置 showmeans 参数表示是否要绘制平均线，设置 showmedians 参数表示是否要绘制数据的中位线，即第 50 的百分位数。本范例程序的运行结果如图 7.12 所示。

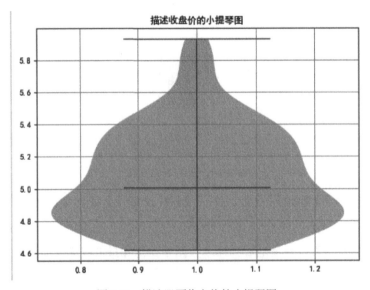

图 7.12   描述股票收盘价的小提琴图

从该小提琴图里，可以看到从上往下蓝色区域宽窄不一，宽的区域表示其中样本数据分布较多，窄的区域则相反，因而可以直观地看到收盘价数据的分布情况。

7.3.5   统计极差、方差和标准差

在数据分析的应用场景中，一般用这三个指标来衡量样本数据之间的离散度，即衡量样本数对于中心位置的偏离程度。

其中，极差的计算是样本里最大值和最小值的差，而方差是每个样本值与样本平均数之差的平方值的平均数，标准差则是方差的平方根。以下的 CalAlias.py 范例程序演示了这三个值的计算方法。

```
CalAlias.py
1    import pandas as pd
2    filename='D:\work\data\\600530.ss.csv'
3    df = pd.read_csv(filename,encoding='gbk')
4    print(df['Close'].max() - df['Close'].min()) # 求极差
5    print(df['Close'].var()) # 求方差
6    print(df['Close'].std()) # 求标准差
```

本范例程序的第 4 行代码通过样本数据的最大值减最小值的方法得出了极差的数值，第 5 行代码调用 var 方法计算出方差，第 6 行代码调用 std 方法得出了标准差，该范例程序运行后的结果如下：

```
1.3099999427795401
0.09364589959704216
0.30601617538463904
```

7.4　概率分析方法与推断统计

数据分析统计除了使用上文提到的描述性统计方法之外，还有推断统计方法，如果再从工作性质上来划分，推断统计还可以划分为参数估计和假设验证这两方面的内容。

推断统计的数学基础是概率统计方法，尤其是正态分布相关的统计方法。本节将在讲述常用的正态分布知识的基础上，介绍推断统计方法在数据分析中的应用。

7.4.1　用直方图来拟合正态分布图形

正态分布是一种概率学上的连续随机变量概率分布，它是很多统计方法的数学基础。

正态分布和直方图很相似，它们都能展示变量的分布情况。以下的 DrawNormal.py 范例程序演示了用直方图拟合出正态分布图形，读者从中能直观地看到正态分布的数学特性。

```
DrawNormal.py
1    import numpy as np
2    import matplotlib.pyplot as plt
3    fig = plt.figure()
4    ax = fig.add_subplot(111)
5    u = 0
6    sigma = 1
7    num = 100000
```

```
8    vals = np.random.normal(u, sigma, num)
9    # 以直方图来拟合正态分布图形
10   ax.hist(vals, bins=1000)
11   plt.show()
```

本范例程序的第 5 行和第 6 行代码设置了正态分布的两个重要参数，它们分别是期望值 μ 和方差（sigma）$σ^2$（即 σ 的平方）。第 8 行代码通过调用 random.normal 方法，并用上述两个正态分布的关键参数，生成了 100000 个符合正态分布的随机数，其中生成随机数的个数由第 3 个参数 num 指定。

准备好正态分布的相关数据后，第 10 行代码通过调用 hist 方法绘制出描述样本 vals 分布情况的直方图，绘制时用 bins 参数指定了直方图中柱状图的个数。

本范例程序运行后可看到如图 7.13 所示的正态分布图形。从图中读者能看到满足正态分布的样本数据具有如下的特点：

第一，正态分布曲线是关于数学期望 μ 值对称的，数学期望的含义是所有随机样本数的平均值，这里是 0，而中间的高度是由方差决定的。

第二，满足正态分布的数据在数学期望位置处的分布最密集，而且满足正态分布的样本约有 68.3%的数据落在离数学期望值有 1 个标准差（即 σ）的范围内，约有 95.4%的样本落在在离数学期望值有 2 个标准差（即 2σ）的范围内，约有 99.7%的样本落在离数学期望值有 3 个标准差（即 3σ）的范围内。

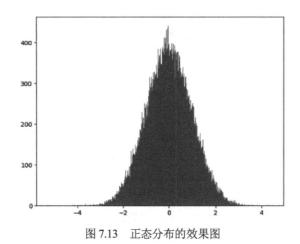

图 7.13　正态分布的效果图

7.4.2　验证序列是否满足正态分布

在数据分析统计的应用场景中，很多数据统计方法是基于正态分布的。换句话说，在分析前首先需要判断样本数据是否满足正态分布，随后才可以使用这些基于正态分布的统计方法。

Python 的 scipy.stats 模块封装了 normaltest 方法，通过该方法可以检验样本数据是否符合正态分布。由于 scipy 不是 Python 的核心库，因此在使用前需要用 "pip3 install scipy" 命令安装这个库。以下的 CheckNormal.py 范例程序演示了如何通过 normaltest 方法验证正态分布。

```
CheckNormal.py
1    import numpy as np
2    from scipy.stats import normaltest
3    import pandas as pd
4    u = 0
5    sigma = 1
6    num = 1000
7    normalArray = np.random.normal(u, sigma, num)
8    # 验证是否是正态分布
9    print(normaltest(normalArray))
10   filename='D:\work\data\\600530.ss.csv'
11   df = pd.read_csv(filename,encoding='gbk',index_col=0)
12   print(normaltest(df['Close']))
```

本范例程序的第 7 行代码调用 np.random.normal 方法生成了 1000 个满足正态分布的随机数，随后第 9 行代码调用 normaltest 方法验证该序列是否满足正态分布。由于这里的序列是随机生成的，因此每次结果不会相同，其中一次的运行结果如下所示：

```
NormaltestResult(statistic=2.869028542003993, pvalue=0.23823105164600325)
```

在上述结果中先看 pvalue 的值，该数值如果大于 0.05，表示待比较的两类样本之间的差别无显著意义。这里的结果约为 0.24，符合这一种含义。结合上下文，该取值的含义是，待检验的数据和正态分布序列差别无显著意义，即随机生成的 normalArray 序列符合正态分布。

随后第 11 行代码从 CSV 文件里得到股票数据，并通过第 12 行的 normaltest 方法验证样本数据中的收盘价序列是否满足正态分布，判断结果如下：

```
NormaltestResult(statistic=9.007758662660864, pvalue=0.011065984542754053)
```

这里的 pvalue 数值小于 0.05，说明该序列和正态分布之间存在显著的差异，即这里股票收盘价的序列不是正态分布。

7.4.3　参数估计方法

参数估计方法是基于推断统计的一种方法，该方法的理论基础是正态分布，即该方法的适用范围是满足正态分布的序列。从应用上来看，参数估计还可以再划分成点估计和区间估计。

点估计的一个应用场景是抽样检验，比如可用样本产品的"最大工作时间"参数来估计所有产品的该数值。而区间估计要做的是，根据指定的正确度和精确度参数构造区间范围，即通过区间估计可确定"有多少概率能确保样本在某个区间范围内"。

以下的 IntervalEst.py 范例程序演示了调用 scipy.stats 里的 interval 方法，并以 95% 的置信度，计算某正态分布序列的置信区间。

```
IntervalEst.py
1    from scipy import stats
2    import numpy as np
3    u = 0
4    sigma = 1
5    normalArray = np.random.normal(u, sigma, 1000)
6    print(stats.t.interval(0.95,999,normalArray.mean(),normalArray.std()))
```

本范例程序的第 5 行代码用于生成长度为 1000、期望值是 0、方差为 1 的满足正态分布的序列。随后的第 6 行代码调用 stats.t.interval 方法计算该序列的置信区间。其中 interval 方法第 1 个参数表示置信度，这里是 95%，第 2 个参数表示自由度，一般是样本数减 1 的数值，第 3 个参数一般是样本序列的均值，第 4 个参数则是样本的标注差。运行本范例程序可看到如下的输出结果：

```
(-2.0080567390926176, 1.967150237468169)
```

从中可以看到该序列在 95%置信度前提下的区间范围，这个范围是能与期望为 0、方差为 1 的正态分布序列的分布范围匹配上的。

7.4.4   显著性验证

显著性验证是只考虑第一种错误的假设检验。假设验证的出发思想是，先对样本数据的特征做假设，然后再验证该假设是否正确。

在假设验证的过程中，如果原假设是客观正确的，但验证的结果该假设错误，这叫第一类错误，一般把第一类错误出现的概率记成 α。如果原假设本来是错误的，但验证结果却是该假设正确，这叫第二类错误，记作 β。

在假设验证中，一般只考虑出现第一类错误的最大概率 α，而不考虑出现第二类错误的概率 β，这样的假设检验就叫显著性检验，其中出错概率 α 叫显著性水平。

在显著性验证的实践过程中，α 一般的取值有三种，即 0.05、0.025 和 0.01，对应地表示出现第一类错误的可能性需要低于 5%、2.5%或 1%。

根据样本的概率分布情况，常用的显著性校验的方法有 t 检验、z 检验和 F 检验等，其中针对正态分布的校验是 t 检验。以下的 TTestDemo.py 范例程序演示了 t 检验的使用方法。

```
TTestDemo.py
1    import numpy as np
2    from scipy import stats
3    import pandas as pd
4    normalArray = np.random.normal(0, 1, 1000)
5    print(normalArray.mean())  # -0.019627468512871695
6    print(stats.ttest_1samp(normalArray,0.5))
7    print(stats.ttest_1samp(normalArray,3))
```

本范例程序的第 4 行代码生成了一个长度为 1000、数学期望为 0、方差为 1 的正态分布序列，从第 5 行的输出中可看到该序列的均值。

随后第 6 行和第 7 行代码提出了不同的关于该序列均值的假设，并通过调用 stats 模块里的 ttest_1samp 方法对不同的假设进行了 t 检验。

本范例程序运行后的结果如下所示：

```
1    -0.019627468512871695
2    Ttest_1sampResult(statistic=-15.920047148741682, pvalue=5.00376631638343e-51)
3    Ttest_1sampResult(statistic=-92.513607504122216, pvalue=0.0)
```

从第 2 行到第 3 行的输出结果中可以看到三个 t 检验的结果。

对比代码和输出结果可知，第 6 行代码预示的假设是该正态分布序列的均值为 0.5，该值与实际的均值有一定的差距，所以从上面输出结果的第 2 行中的 pvalue 值可以看到，该假设的可能性有，但接近 0。由于该正态分布的均值接近 0，而第 7 行代码预示的假设是，该正态分布序列的均值为 3，从上面输出结果的第 3 行的 pvalue 值可以看到，该假设的可能性为 0，即该假设不成立。

从本范例程序的代码和输出结果中，我们可以看到基于显著性验证的 t 假设的一般步骤是：先提出一个假设，再用相关方法验证该假设的可能性，该假设对应的 pvalue 值越接近 1，说明该假设正确性就越高，如果该假设对应的 pvalue 值越接近 0，说明该假设就越不正确。

7.5　基于时间序列的统计方法

时间序列是以时间为顺序的样本统计数据，比如股票交易数据。通过分析时间序列可以了解该序列背后的规律，从而能有效地预测该序列未来的数据变化。本节将详细讲述面向时间序列的常用统计方法。

7.5.1　统计移动平均值

当基于时间序列的样本波动范围较大时，是不大容易从中分析出未来的发展趋势的，此时可用移动平均的方法来消除或降低随机波动的影响。具体地，移动平均法的基本做法是，把时间序列样本数据按时间顺序依次向后推移，每次推移的过程汇总计算指定窗口的均值。

在不少基于时间序列的数据分析应用场景中，可通过调用 Pandas 库的 rolling 方法来设置时间窗口，并在此基础上统计移动均值。以下的 CalMA.py 范例程序演示了如何以股票收盘价为例计算移动平均线（简称移动均线）。

```
CalMA.py
1    import pandas as pd
2    import matplotlib.pyplot as plt
3    filename='D:\work\data\\600530.ss.csv'
```

```
4    df = pd.read_csv(filename,encoding='gbk',index_col=0)
5    fig = plt.figure()
6    ax = fig.add_subplot(111)
7    df['Close'].plot(color="blue",label='收盘价')
8    df['Close'].rolling(window=3).mean().plot(color="red",label='3日均线')
9    plt.legend()      # 绘制图例
10   ax.grid(True)     # 带网格线
11   plt.title("移动平均线的范例")
12   plt.rcParams['font.sans-serif']=['SimHei']
13   plt.setp(plt.gca().get_xticklabels(), rotation=30)
14   plt.show()
```

本范例程序先通过第 4 行代码从 CSV 文件得到股票数据，再通过第 7 行代码调用 plot 方法依次连接 df 对象中收盘价的点，由此能看到"收盘价"线。

随后的第 8 行代码，调用 rolling 方法通过 window 参数指定了分析窗口是 3 天，再加上后面的 mean 方法，绘制出收盘价的 3 天移动平均线。

上述代码的运行结果如图 7.14 所示。

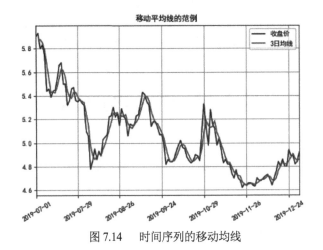

图 7.14   时间序列的移动均线

对比该图中的收盘价和移动均线，会发现移动均线平滑了不少，由此可以直观地看到，时间序列的移动均线能消除或减弱随机性波动，从而能让样本数据更有效地展示波动趋势。

7.5.2   时间序列的自相关性分析

相关性是指两组数据间是否有关联，即一组数据的变动是否会影响到另一组数据。而自相关性则是指同一个序列上的两个不同变量间是否存在关联关系。

一般是用-1 到 1 的一个数值来定量地描述相关性和自相关性，其中如果描述相关性的值为 0，表示两者不相关，值为 1，表示两者完全相关，值为-1，表示两者是反向相关。

针对时间序列，一般需要分析该序列的自相关性，分析结果一般具有如下统计学上的含义。

第一，如果时间序列里两个相近的值不相关，那么则表示该序列上的各值之间没有关联，从而该序列就没有观察和预测的必要。换句话说，只有当时间序列上的不同值之间有相关性，才有必要通过分析现有数据来预测未来的值。

第二，如果该序列中的自相关系数能很快衰减到零，那么该序列也叫平稳序列。在平稳序列中，相距太大数值之间是没有相关性的，也就是说，预测未来数据时，只需考虑过去有限个样本，而无须考虑过多的样本。

面向时间序列的自相关性算法比较复杂，不过在 statsmodels 库里封装了计算时间序列自相关性的方法。在使用这个库前，请用"pip3 install statsmodels"命令来安装它。

以下的 AcfDemo.py 范例程序通过股票收盘价这一时间序列演示了自相关性的表现形式。

```
AcfDemo.py
1    import pandas as pd
2    import matplotlib.pyplot as plt
3    import statsmodels.api as stats
4    filename='D:\work\data\\600530.ss.csv'
5    df = pd.read_csv(filename,encoding='gbk',index_col=0)
6    stats.graphics.tsa.plot_acf(df['Close'],use_vlines=True,lags=50, title =
     'ACF Demo')
7    plt.show()
```

本范例程序的第 6 行代码通过调用 plot_acf 方法来绘制收盘价这一时间序列的相关性图表。在调用该方法时，使用 use_vlines 参数表示是否要设置到 x 轴的连线，使用 lags 参数表示绘制几天的自相关性参数，而 title 参数用于设置标题。本范例程序运行后的结果如图 7.15 所示。

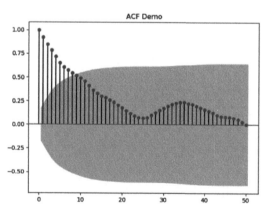

图 7.15　基于股票收盘价的自相关系数的图表

从图中可以看到，x 轴的刻度数字是从 0 到 50，这和 lags 参数完全一致，而 y 轴的刻度从-1 到 1，表示自相关性的系数。从该图中能直观地看出如下统计方面的含义：

第一，x 轴靠近 0 的自相关系数非常接近 1，这说明当天收盘价对近期收盘价有一定影响。

第二，随着 x 轴取值的变大，自相关系数逐步衰减，且在靠近 50 的位置衰减为 0。这说明该序列是平稳序列，即某一天的收盘价不会对长远未来的收盘价有影响。

第三，除了描述自相关系数的点和线之外，还有描述 95%置信区间的蓝色区域，即落在蓝色区域内的数据有 95%的可信度。

综上所述得出结论，该序列是平稳序列，所以有通过分析当前收盘价预测未来收盘价的必要，且预测时，可以只分析过去 50 天的数据，因为时间相距超过 50 天及以上的数据，相关性系数会衰减到 0，即相互之间不会彼此影响。

7.5.3　时间序列的偏自相关性分析

如果基于时间序列的数据之间具有自相关性，那么这种自相关性的关系有可能会传递，即第 n 天的数据受第 n-1 天数据的影响，而第 n-1 天的数据受 n-2 天的影响。比如在上文给出的股票收盘价案例中，当天收盘价不仅会受前一日收盘价的影响，还会变到更早交易日收盘价的影响。

在时间序列中，如果需要去除更早时间数据的影响，只观察相邻两个数据间的影响，就需要用到"偏自相关"分析。

在计算"偏自相关性系数"的过程中，由于需要去除之前更早数据的影响，因此计算过程比较复杂，在实际场景中，一般也是调用 statsmodels 库的相关方法来实现。具体实现请看以下的 PacfDemo.py 范例程序。

```
PacfDemo.py
1    import matplotlib.pyplot as plt
2    import pandas as pd
3    import statsmodels.api as stats
4    filename='D:\work\data\\600530.ss.csv'
5    df = pd.read_csv(filename,encoding='gbk',index_col=0)
6    stats.graphics.tsa.plot_pacf(df['Close'],use_vlines=True,lags=50, title
     = 'PACF Demo')
7    plt.show()
```

本范例程序的第 6 行代码通过调用 plot_pacf 方法，计算绘制股票收盘价这一时间序列的自相关性系数。本范例程序的运行结果如图 7.16 所示。

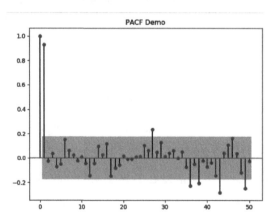

图 7.16　基于股票收盘价的偏自相关系数的图表

从图中可以看到，大多数的偏自相关系数落在蓝色的 95%置信区间内，而且这些系数都落在-0.2~0.2。也就是说，除去更早交易日收盘价数据的影响，相邻两个交易日的收盘价之间的关联度在 0.2 以内，该结论有 95%的可信度。

从图 7.16 中可以看到，当日收盘价对下一交易日的收盘价影响非常有限，也就是说，在预测未来的收盘价时，不仅要考虑前一个交易日的数据，还要用更早交易日的数据作为参考。

7.6 动 手 练 习

1. 参考 7.2.3 节和 7.2.4 节的范例程序，对给定的股票样本数据用箱状图绘制收盘价的 4 个百分位数据，用小提琴图绘制收盘价的分布情况。

2. 按 7.3.1 节给出的步骤，用直方图拟合长度为 100000、数学期望为 0、方差为 1 的正态分布样本数据的图形。

3. 按 7.4.1 节给出的步骤，对给定的股票样本数据，绘制出其开盘价的折线图以及开盘价的 3 日均线图。

4. 运行 7.4.2 节和 7.4.3 节中关于自相关性分析和偏自相关性分析的范例程序，并据此理解关于时间序列的自相关性和偏自相关性分析的步骤。

第 **8** 章

中文文本处理

本章内容:

- 中文文本处理概述
- 基于结巴库的文本处理
- 引入自定义信息
- 基于NLTK库的文本处理

通过之前讲述的 Scrapy 爬虫框架,我们可以根据实际的业务需求,从不同的网站上爬取所需的数据,这些数据不仅包括具体的可运算数据,还包括大量中文文本数据。为了分析这些中文文本数据,就需要对它进行处理,以满足数据分析的需要。在本章,我们就将讲述常用的中文文本处理技术,包括分词技术、关键字抽取技术和词性标注等技术。

通过本章讲述的中文文本处理技术,读者可以把中文文本拆分成若干个重要元素,并在此基础上对文本进行情感分析和信息挖掘等处理。

8.1　中文文本处理概述

本节将概述中文文本处理的常用技术,主要包括中文分词、词频统计、词性标注和停用词消除 4 种。从中读者不仅能了解中文文本处理的常用方法，而且还能了解 Python 对中文文本处理的常用支持库。

8.1.1 中文分词

中文分词是指把长篇的中文文章拆分成若干个词语或字，该操作是中文文本处理的基础。中文分词的最终结果会直接影响对整篇文档的分析质量。

目前比较常见的中文分词技术有基于字符串匹配的分词技术、基于理解的分词技术和基于统计的分词技术，而在 Python 语言里，可以借助结巴公司的工具——结巴（jieba）库来实现中文分词。

结巴库不仅支持全模式、精确模式和搜索引擎模式等分词模式，而且还能支持对繁体文档进行分词，此外其分词的过程中支持自定义字典等功能，所以该工具在基于 Python 语言的文本处理应用场景中得到了比较广泛的应用。

8.1.2 词频统计

词频统计是指统计样本文档里指定关键字出现的次数。通过词频统计，可以分析出当前某个领域内的一些热点，同时，通过关键字出现频率的变化，还能分析出热点的变化趋势。

在 Python 语言里，除了可以用结巴库来统计词频外，还可以用 NLTK 库来统计。

NLTK 库是由宾夕法尼亚大学的史蒂芬·伯德和爱德华·洛珀编写而成的，该库支持各种自然语言处理，被广泛地应用于信息搜索、信息分析和信息处理等领域。

8.1.3 词性标注

词性标注也叫语法标注，它所要做的事情是对分词结果进行标注，比如把某个分词后的关键字打上形容词或名词等标注。

前文提到的结巴库也支持词性标注技术，在使用时，可以用结巴库自带的词性表或自定义一套词性表，不过在不少项目里一般都是用结巴库自带的词性表。

在对分词后的结果标注词性后，一方面可以为之后的文本分析指明更好的方向，另一方面还可以直观地判断文本分析的结果，所以该技术在中文文本处理中，也得到了广泛的应用。

8.1.4 停用词消除

停用词是指出现在本文里但没太多实际含义的词。常见的中文停用词包括人称代词，比如"他""她"和"它"等，还包括连接副词，比如"虽然"和"但是"等。

为提升中文文本的处理和分析效率，在处理前后一般会通过工具或手写的方法自动过滤掉一些指定的停用词，即消除停用词。

8.2 基于结巴库的文本处理

上文已经提到，Python 里的结巴库支持分词、词频统计和词性标注等操作，在本节中，我们将详细讲述基于结巴库的相关中文文本处理技术。

由于结巴库不是 Python 自带的核心库，因此在使用前需要使用 pip install jieba 命令安装该库，安装完成后，即可使用其中封装的 API 方法实现相关的中文文本处理。

8.2.1 实现分词效果

结巴库支持以全模式、精确模式和搜索引擎模式这三种模式的分词方式。

其中精确模式会试图把待分词的文本用尽可能精确的方式来切分，这种分词方式的结果中不会存在冗余数据。而全模式速度比较快，会把文本中可能是词的元素都切分出来，但这样在结果中会存在冗余数据。而搜索引擎模式会先以精确模式分词，然后在对结果中长的词再按照全模式切分一遍。以下的 SplitWordByJieba.py 范例程序演示了上述三种模式分词的具体方法。

```
SplitWordByJieba.py
1    import jieba
2    str = '我在大学里学 Python 数据分析技能'
3    seg_list = jieba.cut(str, cut_all=True)      # 全模式
4    print("/ ".join(seg_list))
5    seg_list = jieba.cut(str, cut_all=False)     # 精确模式
6    print("/ ".join(seg_list))
7    seg_list = jieba.cut_for_search(str)         # 搜索引擎模式
8    print("/ ".join(seg_list))
```

在使用结巴库分词前，首先需要用第 1 行的 import 语句引入 jieba 库，然后即可用第 3 行、第 5 行和第 7 行的代码，通过调用 cut 和 cut_for_search 方法进行分词。

在第 3 行的 cut 方法里通过 cut_all=True 的方式指定了以全模式分词，在第 5 行的方法里通过 cut_all=False 的方式指定了以精确模式分词，而第 7 行是调用了 cut_for_search 方法以搜索引擎模式进行分词。

本范例程序的运行结果如下所示：

```
1    我/ 在/ 大学/ 里/ 学/ Python/ 数据/ 数据分析/ 分析/ 技能
2    我/ 在/ 大学/ 里学/ Python/ 数据分析/ 技能
3    我/ 在/ 大学/ 里学/ Python/ 数据/ 分析/ 数据分析/ 技能
```

从第 1 行的输出结果来看，全模式的分词方式会把该语句中所有可能的词都分出来；从第 2 行的输出结果来看，精准模式的分词结果比较短，也比较精准；从第 3 行的输出结果来看，搜索引擎分词方式会在精准模式分词的基础上，再用全模式分词一遍。

8.2.2　提取关键字

关键字是文本中的重要信息，我们可以通过结巴库里的 extract_tags 方法提取文本中的关键字。

在调用该方法时，一般可以传入 3 个参数，它们分别是待处理的字符串、提取关键字的文本和是否要显示关键词的权重。以下的 getKeyByJieba.py 范例程序演示了该方法的用法。

```
getKeyByJieba.py
1    import jieba.analyse
2    str = '中文文本：结巴库支持以全模式、精确模式和搜索引擎模式这三种模式的分词方式。'
3    result = jieba.analyse.extract_tags(str,topK=5,withWeight = True)
4    print(result)
```

本范例程序的第 2 行定义了待提取关键字的中文文本，第 3 行通过调用 extract_tags 方法从该文本里提取关键字。

在调用 extract_tags 方法时，除了用第 1 个参数传入文本以外，还通过第 2 个 topK 参数指定了将要返回权重最高的前 5 个关键字，通过第 3 个 withWeight 参数指定了返回时需要输出权重值。该范例程序的运行结果如下所示：

```
[('模式', 1.7230033444314288), ('以全', 0.8539119644928571), ('分词',
0.8359609339), ('巴库', 0.74762074625), ('搜索引擎', 0.6947350272914286)]
```

可以看到，以权重降序排列的前 5 个关键字。

8.2.3　标注词性

从词性的角度来看，中文文字中的词或字可以划分成名词、动词、形容词和副词等类别。在基于中文的文本分析应用场景中，如果能合理地对关键字标注词性，这将能大大提升分析结果的质量。

我们可以使用结巴库中的 posseg 模块来对分词结果进行标注词性，以下的 ClassifyWordByJieba.py 范例程序演示了上述模块标注词性的相关用法。

```
ClassifyWordByJieba.py
1    import jieba.posseg
2    str = 'Python 支持分词功能。'
3    words = jieba.posseg.cut(str)
4    for word, type in words:
5        print('%s %s' % (word, type))
```

本范例程序的第 1 行代码通过 import 语句引入了 jieba 库的 posseg 模块，随后在第 3 行代码通过调用 jieba.posseg.cut 方法在分词的基础上进行了标注词性的操作。

通过本范例程序第 4 行和第 5 行 for 循环里的 print 语句，输出如下的词性标注结果：

```
1    Python eng
2    支持 v
3    分词 n
4    功能 n
5    。 x
```

其中"Python"被标注成英语，"支持"被标注成动词，"分词"和"功能"被标注成名词，而句号则被标注成符号。

8.2.4　统计词频

词频统计的做法是，在用结巴库分词后，统计各分词出现的频率，在一些应用场景里，还会要求输出频率最高的若干个词组。以下我们用 CountWordByJieba.py 范例程序演示如何在结巴库分词方法的基础上统计词频。

```
CountWordByJieba.py
1    import jieba
2    import pandas as pd
3    str = '学习学习学习数据数据分析'
4    # 先分词
5    result = jieba.cut(str)
6    wordList = list(word for word in result)
7    # 再统计出现频率
8    df = pd.DataFrame(wordList,columns=['word'])
9    countResult = df.groupby(['word']).size().sort_values(ascending=False)
10   print(countResult)
```

本范例程序的第 5 行代码先通过结巴库的 cut 方法对指定的 str 字符串进行分词，随后通过第 6 行代码把分词结果转换成 list 类型的 wordList 变量。

第 8 行代码把包含分词结果的 wordList 对象放入 DataFrame 类型的 df 对象，并在之后的第 9 行代码里，通过 DataFrame 对象的 sort_values 方法，以降序排列的方式统计分词结果中各词组出现的频率。

通过第 10 行的 print 语句，读者能看到如下的输出结果，从中能看到 str 中各词组出现的频率。

```
1    学习      3
2    数据分析   1
3    数据      1
4    dtype: int64
```

需要说明的是，这里为了方便演示，直接使用了 str 变量来定义待统计词频的字符串，而且该字符串里的文字没有连贯的含义。在大多数词频统计的应用场景里，是从 txt 等格式的文本文件中读取文字，再用类似本范例中给出的方法，先分词、再统计相关词组的出现频率。

8.3 引入自定义信息

前而我们介绍了如何使用结巴库自带的字典等信息来处理文本的方法，实际上，很多文本分析的场景，需要根据自定义的信息来分析和过滤文本，本节将介绍使用自定义信息处理文本的方法。

8.3.1 用自定义词典分词

在用结巴库的方法分词时，默认会用该库自带的词典，为了提升文本分词的准确性，可以引入自定义的词典，相关步骤如下所示。

第一步，在指定目录里创建名为 myDict.txt 的词典文件，比如在 d:\work 目录中创建该文件，并在其中加入如下的自定义内容。

```
1    云计算
2    大数据
```

第二步，编写名为 UseDictForCut.py 的代码，在其中使用自定义词典分词，代码如下：

```
UseDictForCut.py
1    import jieba
2    str = '我在大学里学云计算和大数据'
3    # 未使用词典
4    seg_list = jieba.cut(str, cut_all=False)
5    print("/ ".join(seg_list))
6    # 使用词典
7    jieba.load_userdict("d:\\work\\myDict.txt")
8    seg_list = jieba.cut(str, cut_all=False)
9    print("/ ".join(seg_list))
```

本范例程序的第 4 行代码直接使用结巴库自带的词典进行分词，而在第 7 行里则先通过 load_userdict 方法引入自定义的词典，随后再用第 8 行代码对同一段文字进行分词。

该范例的运行结果如下所示：

```
1    我/ 在/ 大学/ 里/ 学云/ 计算/ 和/ 大/ 数据
2    我/ 在/ 大学/ 里学/ 云计算/ 和/ 大数据
```

对比这两行的输出结果，读者能看到，在引入词典后，结巴库会把定义在其中的"云计算"和"大数据"当成一个整词来处理。

在一些文本处理的应用场景中，可以根据实际情况，在分词前装载特定领域的词典，比如金融等方面的词典，这样就能更加精确地得到分词的结果。

8.3.2   去除自定义的停用词

在前一节范例程序中待分析的中文文本是"我在大学里学云计算和大数据"，其中"在""和"以及"里"等词没有实际含义，属于停用词，可以去除。以下，我们介绍过滤停用词的具体方法。

第一步，在 d:\work 目录里新建一个包含停用词列表的 stopword.txt 文件，在其中加入如下的停用词。

```
1    在
2    里
3    和
```

第二步，编写名为 RemoveStopWord.py 的范例程序，用于去除停用词，具体代码如下：

```
RemoveStopWord.py
1    import jieba
2    str = '我在大学里学云计算和大数据'
3    # 使用词典
4    jieba.load_userdict("d:\\work\\myDict.txt")
5    seg_list = jieba.cut(str, cut_all=True)
6    result = "/ ".join(seg_list)
7    print(result)
8    # 引入停用词
9    stopWordFile = open('d:\\work\\stopword.txt', 'r+', encoding='utf-8')
10   stopWordList = stopWordFile.read().split("\n")
11   newStr=''
12   # 去除停用词
13   for word in result.split('/'):
14       if word.strip() not in stopWordList:
15           newStr += word + '/'
16   print(newStr)
```

本范例程序的第 9 行通过 open 方法打开了包含停用词列表的文件，在随后的第 10 行代码把该文件包含的停用词加载到了 stopWordList 对象里。

第 13 行到第 15 行代码通过 for 循环遍历包含分词结果的 result 对象，如果该对象里包含指定的停用词则会过滤，否则通过第 15 行的代码加入 newStr 对象中。

本范例程序的第 7 行和第 16 行的两个 print 语句输出去除停用词前后的输出结果，如下所示：

```
1    我/ 在/ 大学/ 里/ 学/ 云计算/ 计算/ 和/ 大数/ 大数据/ 数据
2    我/ 大学/ 学/ 云计算/ 计算/ 大数/ 大数据/ 数据/
```

8.3.3　自定义词性

在 8.2.3 节标注词性的范例程序中，我们把"Python 支持分词功能。"中的"分词"标注成 n，即名词，事实上该词起到了动词的效果。

在中文文本处理的场景中，除了可以在自定义词典里引入词语，还可以指定该词语的词性，比如在 8.3.1 节创建的 myDict.txt 词典文件里，可以再加入如下的一行文字来指定"分词"的词性是动词 v。

```
1    分词 v
```

随后可以通过如下的 SplitWordMore.py 程序代码，对指定的文本再次进行分词，同时引入新指定的词性。

```
SplitWordMore.py
1    import jieba
2    import jieba.posseg
3    str = 'Python 支持分词功能。'
4    jieba.load_userdict("d:\\work\\myDict.txt")
5    words = jieba.posseg.cut(str)
6    for word, type in words:
7        print('%s %s' % (word, type))
```

在本范例程序的第 4 行通过 load_userdict 方法引入了词典，随后通过第 5 行代码在分词的基础上指定词性。

本范例的运行结果如下所示：

```
1    Python eng
2    支持 v
3    分词 v
4    功能 n
5    。 x
```

从中可以看到，词语"分词"的词性已经如字典中所设置，变更成了动词。

8.4　基于 NLTK 库的文本处理

NLTK 也是一个能做中文文本分析的 Python 库，由于它同样不是 Python 自带的核心库，因此在使用前也需要用"pip install NLTK"命令来安装。

在本节中，将讲述基于 NLTK 库的词频统计和绘制频率分布等技术，从中读者能进一步掌握文本处理的相关技术。

8.4.1　统计词频和出现次数

在如下的 NLTKCountWord.py 范例程序中，将使用 NLTK 库统计文本中词组"由于"出现的次数和频率。该范例程序将要统计的文本如图 8.1 所示，该文本存储在 d:\work 目录里。

```
words.txt - 记事本                                      —    □    ×
文件(F) 编辑(E) 格式(O) 查看(V) 帮助(H)
由于不同的属性值量纲不同，所以这些属性值的数据差异会很大，为了消除因量纲而产生的数据差异，同时提升数据分析结果的准确性，一般
需要对这些数值进行规范化处理。
常见的规范化处理的方式如下所示，即处理后的新值等于原值减去样本的均值，再除以样本的标准差。
```

图 8.1　待分词的文本

NLTKCountWord.py 范例程序的代码如下，在其中先通过结巴库对上述文本进行分词，随后根据分词的结果使用 NLTK 库来统计其中指定词的出现次数和频率。

```
NLTKCountWord.py
1    import nltk
2    import jieba
3    file = open('d:\\work\\words.txt', 'r+', encoding='utf-8')
4    content = file.read()
5    words = jieba.cut(content, cut_all=False)
6    # 统计出现的次数
7    fdist=nltk.FreqDist(words)
8    #print(fdist.keys(),fdist.values())  #比较长，自行观察结果
9    # 统计指定词的出现次数
10   print('由于',fdist['由于'])
11   # 统计指定词的出现频率
12   print('由于',fdist.freq('由于'))
```

本范例程序先通过第 3 行和第 4 行代码从指定的文件里读入文本，随后通过第 5 行代码调用结巴库里的 cut 方法对该文本进行分词操作，并把分词结果存入 words 对象。

在之后的第 7 行代码里通过 NLTK 库的 FreqDist 方法，统计分词结果中各词组出现的次数，统计后可通过第 8 行的 print 语句输出结果。由于全部分词统计的输出结果太长，因此这里先注释掉该段代码，读者可以在打开第 8 行注释的基础上自行观察相关结果。

如果要查看指定词组在文本中出现的次数，可以像第 10 行的代码那样编写代码，而如果要查看指定词组在文本中出现的频率，则可以像第 12 行那样调用 freq 方法。

本范例程序的运行结果如下所示：

```
1    由于 1
2    由于 0.0136986301369863
```

可以看到"由于"这个词组在文本中出现的次数和频率，如果要查看其他词组出现的次数和频率，可以在第 10 行和第 12 行代码的基础上改写相关参数即可。

8.4.2　展示高频词

在文本里，出现频率较高的词或词组往往在文本中起到比较大的作用，所以在实际文本分析的应用场景中，往往会通过调用 NLTK 库的 tabulate 方法来展示高频词以及该词出现的次数。以下的 NLTKCountTop.py 范例程序介绍了如何统计高频词。

```
NLTKCountTop.py
1    import nltk
2    import jieba
3    content = '我学习计算机，计算机对我帮助很大，我想找计算机方面的工作'
4    words = jieba.cut(content, cut_all=False)
5    fdist=nltk.FreqDist(words)
6    # 展示出现频率最高的两个词组
7    print(fdist.tabulate(2))
```

在本范例程序中，先通过第 4 行的代码得到了分词结果，在此基础上通过第 7 行代码展示出现频率最高的两个词组，该范例程序的运行结果如下：

```
1    我  计算机
2    3   3
```

8.4.3　绘制词频分布图

上一小节介绍了以文字显示的结果来展示词组的出现次数，实际上还可以通过词频分布图的方式，更加直观地展示词频分布的情况。

以下的 DrawWordCount.py 范例程序通过整合 Jieba、NLTK 和 Matplotlib 这三个库，演示了如何绘制词频分布图。

```
DrawWordCount.py
1    import nltk
2    import jieba
3    import matplotlib
4    matplotlib.rcParams['font.sans-serif'] = 'SimHei'
5    file = open('d:\\work\\words.txt', 'r+', encoding='utf-8')
6    content = file.read()
7    words = jieba.cut(content, cut_all=False)
8    # 统计出现次数
9    fdist=nltk.FreqDist(words)
10   fdist.plot(10)
```

本范例程序首先在第 7 行代码调用了 jieba 库的 cut 方法，对指定文本中的内容进行分词，随后在第 9 行代码调用 NLTK 库的 FreqDist 方法统计文本中各词的出现次数，最后通过第 10 行代码以折线图的形式绘制出现频率最高的词组分布。

为了在图中正确地显示中文，还需要用第 4 行代码指定图中的中文字体。本范例程序运行后，可以看到如图 8.2 所示的结果，其中横轴上显示的是词组，竖轴上显示的是词频次数。

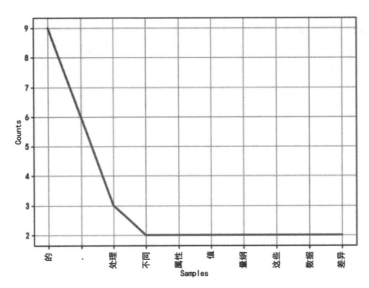

图 8.2　文本中词频分布图

8.4.4　绘制词云

"词云"是以"渲染关键词"的形式，对文本中出现频率较高的"关键词"加以视觉上的突出，从而让阅读者在短暂的时间内高效地理解文本的主题。

在 Python 语言里，可以通过 wordcloud 库提供的方法来绘制词云。在使用该库前，需要通过"pip install wordcloud"命令来安装这个词云库。以下的 DrawWordCloud.py 范例程序演示了如何用结巴库分词并在此基础上用 wordcloud 库绘制词云。

DrawWordCloud.py

```
1    import wordcloud
2    import jieba
3    import matplotlib
4    import matplotlib.pyplot as plt
5    matplotlib.rcParams['font.sans-serif'] = 'SimHei'
6    file = open('d:\\work\\words.txt', 'r+', encoding='utf-8')
7    content = file.read()
8    words = jieba.cut(content, cut_all=False)
9    myWordCloud = wordcloud.WordCloud(
10       background_color='black',
11       # 设置支持中文的字体
12       font_path='C:\\Windows\\Fonts\\simfang.ttf',
13       min_font_size=5,     # 最小字体的大小
14       max_font_size=50,    # 最大字体的大小
15       width=500,  # 图片宽度
16   ).generate('/'.join(words) ) # 把 list 转成字符串，否则会报错
```

```
17  fig=plt.figure()
18  ax=fig.add_subplot(1,1,1)
19  ax.set_title("词云")
20  ax.axis('off')
21  ax.imshow(myWordCloud)
22  plt.show()
```

本范例程序的第 8 行代码通过调用 jieba 库的 cut 方法进行分词,并把分词结果赋值给 words 对象,第 9 行到第 16 行代码的作用是根据分词结果绘制词云。

在绘制词云时调用了 wordcloud 库的 WordCloud 方法,并通过参数指定了词云中文的字体、大小和文字的宽度。完成绘制词云后,通过第 21 行代码把词云图放置到了 ax 子图里。运行本范例程序,可以看到如图 8.3 所示的词云。

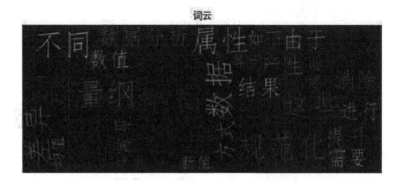

图 8.3　根据分词结果绘制的词云

8.5　动手练习

1. 用"pip install"命令安装本章开发代码所需的 jieba、NLTK 和 wordcloud 库。

2. 运行 8.2 节的诸多范例程序,动手进行分词、提取关键字、标注词性和统计词频等实践。

3. 读取 8.4.1 节给出的 words.txt 文件中的文本内容,在此基础上调用结巴库的方法对其中的文本内容进行分词,并在此基础上绘制词云。

第 **9** 章

文本向量化技术

本章内容：

- 文本向量化技术概述
- 基于 Gensim 的文本向量化分析
- 向量化技术的使用场景

在对文本信息进行建模分析前，要把非数值类型的文本转换成计算机能识别的结构化数据，这个过程叫作文本向量化过程，其具体过程一般是，先分词，再把分词结果转换成具有特定含义的结构化数据。

在大多数文本分析的应用场景里，会用 TF-IDF（词频–逆频率）的方式来把文本转换成向量，即把文本各分词的词频–逆频率的值以向量化的形式组装并分析。本章将讲述用 sklearn和 Gensim 等 Python 库，以词频–逆频率等方式实现文本向量化的步骤。

9.1   文本向量化技术概述

本节将在介绍文本向量化概念的基础上，讲述向量化相关技术的含义，并介绍向量化常用库 Gensim 的基本情况。

9.1.1　什么是文本向量化

自然语言处理面临的往往是非结构化杂乱无章的文本数据，而机器学习算法处理的数据往往是固定长度的输入和输出，也就是说，机器学习并不能直接处理原始的文本数据，必须把这些文本数据通过分词、去停用词等处理后转化为向量格式的数据，才能最后使用计算机来处理它们。

比如可以把"我在学校学习 Python"这段文字，转换成类似[1,2,1,1,2]之类的向量格式的数据，之后可以再针对这些向量化的数据进行诸如情感分析之类的操作。

向量化之后的数据，可以是指每个词组的词频，也可以是指每个词的逆频率，当然根据向量化方法的不同，向量化的结果还可以具有其他含义。不管怎么说，把文本用一定的方法进行处理，并生成计算机能识别的向量化格式的数据，这个过程就叫"文本向量化"。

9.1.2　什么是 TF-IDF

词频-逆频率的英文简称是 TF-IDF，它是文本向量化的一种比较常见的结果。

词频的含义比较好理解，即该词在文本中出现的频率，通过词频值能反映出该词在文本里的重要程度。但是在有些情况中，虽然某个词在文本里出现的频率很高，但实质上却没有多大的含义，对此还要用该词的"逆频率"来综合衡量其重要程度。

"逆频率"也叫"逆文档频率"或"逆词频"，"逆频率"的算法比较复杂，但如果该词在本文档文本中出现的频率越高，而在其他文档里出现的频率越低，该词的"逆频率"的数值也就越高。也就是说，"逆频率"能定量地分析该词在特定文章里的重要程度。

词频-逆频率，即 TF-IDF 的数值，是根据该词的词频和逆词频的两个数值相乘之后得到的结果，并不是简单地输出词频和逆词频的值。在不少文本分析的应用场景中，会先用 TF-IDF 的相关算法算出各词的 TF-IDF（即词频乘以逆词频）的值，再把这些值以向量化的形式存储，以此作为进一步分析的基础。

9.1.3　基于 TF-IDF 的文本向量化示例

Python 中有多个库支持词频–逆频率的计算，如下的 tfidfSimple.py 范例程序中演示了如何通过 sklearn 库实现基于词频–逆频率的文本向量化。注意，在运行该范例程序前，首先需要通过"pip install sklearn"命令安装这个库。

```
tfidfSimple.py
1    from sklearn.feature_extraction.text import TfidfTransformer
2    from sklearn.feature_extraction.text import CountVectorizer
3    # 初始化对象
4    vectorizer = CountVectorizer()
5    transformer = TfidfTransformer()
6    docs = ["我 在 学习 编程", "编程 很 受 欢迎","我 喜欢 编程 技术"]
7    results = transformer.fit_transform(vectorizer.fit_transform(docs)).
     toarray().tolist()
```

```
 8    words = vectorizer.get_feature_names()
 9    print('分词结果: ')
10    print(words)
11    print('tf-idf 值: ')
12    for val in results:
13        print(val)
```

本范例程序的第 1 行和第 2 行代码，通过 import 语句引入了 sklearn 库里的 TF-IDF 等相关模块，第 4 行和第 5 行代码，实例化用来向量化处理的两个对象。

在第 6 行代码定义了待分析的三句话，请注意在这些话里使用空格来实现分词效果，第 7 行代码用于针对各分词计算词频-逆频率值。

本范例第 8 行到第 10 行代码输出分词结果，第 11 行到第 13 行代码获得各分词的词频-逆频率（即 TF-IDF）值。

本范例的运行结果如下：

```
1    分词结果:
2    ['喜欢', '学习', '技术', '欢迎', '编程']
3    tf-idf 值:
4    [0.0, 0.8610369959439764, 0.0, 0.0, 0.5085423203783267]
5    [0.0, 0.0, 0.0, 0.8610369959439764, 0.5085423203783267]
6    [0.652490884512534, 0.0, 0.652490884512534, 0.0, 0.3853716274664007]
```

第 2 行是输出的分词结果，第 4 行到第 6 行是各分词在三句话中对应的 TF-IDF 值，比如第 4 行第 1 个值是 0.0，这表明第一个分词"喜欢"，没有出现在第一句话里，而第 2 个值是 0.8610369959439764，则说明第二个分词"学习"，在第一句话里的 TF-IDF 值。

此外，从第 5 行和第 6 行的输出结果里，可看到第 2 行输出的分词结果在第 2 和第 3 句话里的 TF-IDF 值。而且能从第 4 行到第 6 行的输出结果看到，这里是以向量的形式输出了各分词在 3 句话里的 TF-IDF 值。由此输出结果，读者能直观地感受到"文本向量化"的做法和表现形式。

9.2 基于 Gensim 的文本向量化分析

上文已经给出了通过 sklearn 库进行文本向量化的范例，本节将在介绍 Gensim 库的基础上，用 Gensim 库提供的方法实现基于 TF-IDF 算法的文本向量化效果。

9.2.1 Gensim 库介绍

Gensim 是一个支持自然语言处理的 Python 工具包，它支持 TF-IDF 和 LSA（潜在语义分析）等文本处理算法。在使用 Gensim 库之前，需要了解以下相关术语：

- 文档：可以理解成是文本的集合。
- 语料（Corpus）：可以理解成是文档的集合，Gensim 库可以对语料进行操作，并以向量化的形式存储 TF-IDF 等分析和统计的结果。
- 向量（Vector）：前文已经讲解过，面向文本或语料的分析结果是以向量的形式来存储的。
- 模型（Model）：可以理解成是 Gensim 库里的分析工具，事实上模型一般会包含机器学习相关算法，在项目里是通过模型来计算诸如 TF-IDF 等向量化的结果。

在使用 Gensim 库之前，需要通过 "pip install Gensim" 命令安装这个库，安装好以后，就可以通过如下基于 Gensim 库的范例程序了解相关的文本向量化技术。

9.2.2　计算 TF-IDF

上一小节介绍了用 sklearn 库计算 TF-IDF 的过程，以下的 gensimDemo.py 范例程序将演示如何通过 Gensim 库计算 TF-IDF。请注意，相关的计算结果依然以向量化的形式来存储。

```
gensimDemo.py
1   from gensim import corpora
2   from gensim.models.tfidfmodel import TfidfModel
3   texts = [['我', '学习', '编程'], ['编程', '很', '受', '欢迎'], ['我', '喜欢',
    '编程'], ['我', '搭建', '编程','环境']]
4   dict = corpora.Dictionary(texts)
5   print('词典: ', dict.token2id)
6   # 生成词频，用于分析
7   tf = [dict.doc2bow(text) for text in texts]
8   print('词频: ',tf)    # 输出词频
9   # 构建分析模型
10  tfidfModel = TfidfModel(tf)
11  tfidf = list(tfidfModel[tf])
12  print('tf-idf 值: ',tfidf)
```

本范例程序的前 2 行通过 import 语句引入 Gensim 库里的相关模块，在本范例程序的第 3 行定义了待分析的文本，这里是 4 句话。

第 4 行代码根据文本创建了对应的词典，第 7 行代码计算词典中各词在诸多语句里出现的频率。第 10 行代码根据 TF 词频对象，创建 TfidfModel 类型的分析模型，并在第 11 行的代码里用此模型计算出 TF-IDF 的值。本范例程序的运行结果如下：

```
1   词典: {'学习': 0, '我': 1, '编程': 2, '受': 3, '很': 4, '欢迎': 5, '喜欢': 6,
    '搭建': 7, '环境': 8}
2   词频: [[(0, 1), (1, 1), (2, 1)], [(2, 1), (3, 1), (4, 1), (5, 1)], [(1, 1),
    (2, 1), (6, 1)], [(1, 1), (2, 1), (7, 1), (8, 1)]]
3   tf-idf 值: [[(0, 0.9791393740730397), (1, 0.20318977863036336)], [(3,
    0.5773502691896258), (4, 0.5773502691896258), (5, 0.5773502691896258)],
    [(1, 0.20318977863036336), (6, 0.9791393740730397)], [(1,
    0.1451831961481918), (7, 0.699614836733826), (8, 0.699614836733826)]]
```

输出结果的第 1 行是根据文本而创建的词典，并且词典中的每个词语都唯一对应一个 id，比如"学习"对应的 id 是 0。

输出结果的第 2 行是以向量化的形式输出的字典中各词的出现频率。

输出结果的第 3 行是以向量化形式输出的各词的逆词频。

从本范例程序中，读者不仅能看到用 Gensim 库里的 TfidfModel 模型计算 TF-IDF 的方法，还能进一步掌握以向量化形式输出分析结果的方法。

9.2.3　分词与 TF-IDF 技术的整合应用

在之前计算 TF-IDF 的向量值时，为了突出相关技术，输入的参数是已经分词好的结果，而在大多数项目里，向量化的参数是整段文章或者是若干句语句。

在如下的 tfidfWithCut.py 范例程序中，将整合之前章节讲述的基于结巴分词库的分词方法在先做分词的基础上，再对结果进行基于 TF-IDF 的文本向量化处理。

tfidfWithCut.py
```
1    import jieba
2    from gensim import corpora, models
3    sentences = ['我喜欢编程',
4                 '我的目标是写出优质代码',
5                 '我在大学学习编程',
6                 '我努力提升编程水平'
7                 ]
8    wordsInSentence = []
9    for one in sentences:
10       words = jieba.cut(one.strip()) #jieba 分词
11       seg = [word for word in list(words) ]
12       wordsInSentence.append(seg)
13   # 生成字典
14   dict = corpora.Dictionary(wordsInSentence)
15   print('词典: ', dict.token2id)
16   # 生成 tf 为向量
17   tf = []
18   for word in wordsInSentence:
19       tf.append(dict.doc2bow(word))
20   print('词频: ',tf)
21   tfidf_model = models.TfidfModel(tf)
22   tfidf = tfidf_model[tf]
23   print('tf-idf 值: ',list(tfidf))
```

本范例程序第 3 行到第 7 行的 sentences 变量定义了待分析的若干语句。第 9 行到第 12 行的 for 循环用结巴库的 cut 方法进行分词操作，并把分词结果放入 wordsInSentence 变量中。

随后开始文本分析工作，具体是：通过第 14 行代码生成字典；通过第 18 行和第 19 行的 for 循环计算词典中每个词语出现的频率，即词频；通过第 21 行和第 22 行代码用 TfidfModel 类型的模型对象，根据词频计算词典中各词的逆词频。

本范例程序的运行结果如下：

```
1   词典：{'喜欢': 0, '我': 1, '编程': 2, '代码': 3, '优质': 4, '写出': 5, '是':
    6, '的': 7, '目标': 8, '在': 9, '大学': 10, '学习': 11, '努力': 12, '提升': 13,
    '水平': 14}
2   词频：[[(0, 1), (1, 1), (2, 1)], [(1, 1), (3, 1), (4, 1), (5, 1), (6, 1),
    (7, 1), (8, 1)], [(1, 1), (2, 1), (9, 1), (10, 1), (11, 1)], [(1, 1), (2,
    1), (12, 1), (13, 1), (14, 1)]]
3   tf-idf 值：[[(0, 0.9791393740730397), (2, 0.20318977863036336)], [(3,
    0.4082482904638631), (4, 0.4082482904638631), (5, 0.4082482904638631), (6,
    0.4082482904638631), (7, 0.4082482904638631), (8, 0.4082482904638631)],
    [(2, 0.1189602303890871), (9, 0.573250516378827), (10, 0.573250516378827),
    (11, 0.573250516378827)], [(2, 0.1189602303890871), (12,
    0.573250516378827), (13, 0.573250516378827), (14, 0.573250516378827)]]
```

运行结果的第 1 行是根据分词结果产生的词典，同样词典里的每个词唯一对应了一个 ID。

运行结果的第 2 行是词典中每个词在每句句子中出现的频率，即词频。

运行结果的第 3 行是每个词在每句句子中出现的逆频率。

9.3　向量化技术的使用场景

文本向量化只是文本分析的中间过程，而不是最终分析结果，事实上在一些应用场景里，把文本用 TF-IDF 等算法转换成向量后，还会在此基础上做相似度分析或情感分析，本节将演示相关的用法。

9.3.1　相似度分析

对比不同语句之间的相似度，是文本分析的重要应用场景之一。以下的 SimliarDemo.py 范例程序会在分词和向量化计算 TF-IDF 数值的基础上，对比不同文本之间的相似度。

```
SimliarDemo.py
1   from gensim import corpora, models, similarities
2   import jieba
3   sentence1 = '我在大学里学习编程'
4   sentence2 = '我努力工作'
```

```
5    sentence3 = '我是程序员'
6    sentences = [sentence1, sentence2,sentence3]
7    comparedSen = '程序员学习编程'
8    texts = [jieba.lcut(text) for text in sentences]
9    dict = corpora.Dictionary(texts)
10   num_features = len(dict.token2id)
11   corpus = [dict.doc2bow(text) for text in texts]
12   tfidf = models.TfidfModel(corpus)
13   new_vec = dict.doc2bow(jieba.lcut(comparedSen))
14   # 计算相似度
15   index = similarities.SparseMatrixSimilarity(tfidf[corpus], num_features)
16   values = index[tfidf[new_vec]]
17   for i in range(len(values)):
18       print('与第',i+1,'句话的相似度为：', values[i])
```

本范例程序的第 3 行到第 5 行代码定义了三句中文语句，第 7 行代码定义了待比较的本文。第 8 行代码对这三句中文语句进行分词操作，并通过第 12 行代码计算各分词的 TF-IDF 值，这些值是之后对比相似度的基础。

随后用第 13 行代码对比较的 comparedSen 对象进行分词，并在此基础上用第 15 行代码定义用于计算相似度的 SparseMatrixSimilarity 类型对象。

之后的第 16 行到第 18 行代码，通过计算相似度的模型输出 comparedSen 对象和三句话的相似度结果，具体的输出结果如下：

```
1    与第 1 句话的相似度为： 0.5163978
2    与第 2 句话的相似度为： 0.0
3    与第 3 句话的相似度为： 0.40824828
```

从中可以看到，相似度是一个从 0 到 1 的数值，该数值越接近于 1，表示两句话之间就越相似，而计算相似度的基础是各分词的 TF-IDF 值。从本范例程序中，我们可以看到向量化技术在计算文本相似度过程中的作用。

9.3.2 情感分析

情感分析也叫意见挖掘，该技术会在分词和向量化技术的基础上，量化地输出人们对某种事务的态度和观点。

情感分析的输出结果是一个从 0 到 1 的数值，以 0.5 为分界线，数值结果大于 0.5，越接近于 1，则表示待分析的文本里包含更多的积极含义，如果数值小于 0.5 且越接近于 0，则表示文本里包含了更多的消极含义。

这里将用 Python 的 SnowNLP 库来进行情感分析，由于该库不是 Python 的核心库，因此在使用前需要通过 "pip3 install snownlp" 命令来安装。安装后即可以编写如下的 snownlpDemo.py 范例程序来进行具体的情感分析。

```
snownlpDemo.py
1    from snownlp import SnowNLP
2    # 文本
3    posText = u'这书值得买'
4    # 分析
5    s = SnowNLP(posText)
6    print(s.words)        # 输出分词结果
7    print(s.tf)           # 输出分词结果
8    print(s.idf)          # 输出分词结果
9    print(s.sentiments)      #   输出情感得分
10   negText = u'我很生气'
11   s = SnowNLP(negText)
12   print(s.sentiments)       # 输出情感得分
```

本范例程序的第 1 行通过 import 语句引入了 SnowNLP 包，第 3 行代码定义了待分析的文本，随后的第 5 行代码用这段文本初始化了 SnowNLP 对象。

之后的第 6 行到第 8 行代码分别通过 SnowNLP 对象输出文本的分词结果和 TF 以及 IDF 的值，随后的第 9 行代码输出了该语句的情感分。同时，第 12 行代码又通过 sentiments 属性输出定义在第 10 行的另一段文字的情感分。

该范例程序的运行结果如下所示：

```
1    ['这', '书', '值得', '买']
2    [{'这': 1}, {'书': 1}, {'值': 1}, {'得': 1}, {'买': 1}]
3    {'这': 1.0986122886681098, '书': 1.0986122886681098, '值':
     1.0986122886681098, '得': 1.0986122886681098, '买': 1.0986122886681098}
4    0.8099214887873164
5    0.48121642447271173
```

运行结果的第 1 行显示的是分词的结果，第 2 行和第 3 行显示的是 TF 和 IDF 的值，而第 4 行和第 5 行分别输出了两句话的情感分析结果。

从中可以看到，定义在第 3 行的文本由于包含了"值得买"之类的积极情感，因此得分大于 0.5，且比较接近于 1；而定义在第 10 行的文本由于包含了"很生气"之类的消极情感，因此情感小于 0.5，但因为消极因素不是特别强烈，所以分数接近于 0.5。

事实上，SnowNLP 库在量化计算情感分析得分的同时，会用到向量化的中间结果，只不过相关细节被封装在 SnowNLP 库的底层实现代码里了，所以读者可以直接通过 sentiments 属性输出情感分析的数值结果。

9.4　动　手　练　习

1. 用 "pip install" 命令安装本章开发代码所需的 Gensim 和 SnowNLP 库。

2. 运行 9.1.3 节的范例程序，动手实践使用基于 TF-IDF 算法的文本向量化技术。

3. 运行 9.2.3 节的范例程序，并在此基础上总结分词 TF-IDF 技术的用法。

4. 改编 9.3.2 节的范例程序，计算并输出 "我喜欢编程" 文本的情感分析结果。

第 10 章

基于机器学习的分析方法

本章内容：

- 机器学习基础知识
- 线性回归分析方法
- 岭回归和 Lasso 回归分析法
- 基于机器学习的分类分析方法
- 基于手写体数字识别的分类范例

在很多数据分析的应用场景中，需要根据之前收集的数据分析未来的趋势，此时就需要用到机器学习的相关统计和分析方法。

机器学习是一门人工智能的学科，在机器学习的过程中，可用之前收集到的数据优化统计和分析的算法，并以此拟合或预测未来的数据。

本章将通过 sklearn 库讲述如何用 Python 语言的机器学习方法拟合、预测或分类数据样本，从中读者不仅能理解机器学习的相关概念，而且还能掌握基于机器学习的"回归分析方法"和"分类统计方法"。

10.1　基础知识

本节讲解机器学习的概念，在 Python 里搭建 sklearn 机器学习相关库的方法，以及数据集的概念。

10.1.1　什么是机器学习

机器学习是一个交叉学科，其中涵盖了概率论、近似理论知识和其他分析和预测等方面的算法知识。在基于机器学习的数据分析过程中，一般会用现成的模型（比如线性回归模型或分类器模型）来训练数据，训练过程中会调整模型中的参数，然后再用训练好的模型来做预测工作。

和传统的统计分析方法相比，基于机器学习的统计分析方法不仅能分析现有数据的特性，还能在此基础上对数据进行降维或分类等处理，从而能优化样本数据的质量，并在此基础上，预测数据的未来走势，或者给新数据打上标签。由于上述做法有足量的数学理论作为依据，因此相关的预测和分类具有较高的可信度。

10.1.2　安装 sklearn 库并了解数据集

虽然在机器学习的数据分析过程中会涉及很多算法，但 Python 的 sklearn 等机器学习相关库已在底层封装了相关算法，并提供了回归分析和分类相关的接口给使用者调用，也就是说，程序员可以通过使用 sklearn 库里的方法比较方便地实现基于机器学习的相关功能。

由于 sklearn 库不是 Python 的核心库，因此在使用之前，依然要通过"pip install sklearn"命令来安装。安装好之后，进入安装路径\Lib\site-packages\sklearn\datasets\data，可以看到如图 10.1 所示的 sklearn 库自带的数据集。

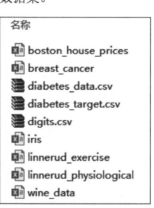

图 10.1　sklearn 库自带的数据集

为便于后续学习的使用，我们用表 10.1 列出了各数据集的名称与主要作用。

表 10.1　sklearn 库自带数据集及其用途

数　据　集	数据集中文名称	常　见　用　途
iris	鸢尾花数据集	分类任务的数据集
digits	手写数字数据集	分类或降维任务的数据集
breast_cancer	乳腺癌数据集	分类任务的数据集
diabetes	糖尿病数据集	回归任务的数据集
boston	波士顿房价数据集	回归任务的数据集
Linnerud	体能训练的数据集	多变量回归任务的数据集
wine	葡萄酒数据集	分类任务的数据集

10.1.3　训练集、验证集和测试集

上文提到了，在基于机器学习的统计分析过程中，一般包含了训练数据、调整模型参数和用训练好的模型预测未来数据的过程。在这个过程中，一般会用 6:2:2 的比例，把样本数据集分成训练集、验证集和测试集。由于验证集不是必须的，因此也可以用 8:2 的比例，把样本数据集分成训练集和测试集。

具体地，会用训练集中的样本数据来拟合模型内的参数，在训练过程中，可以通过验证集的数据来调整模型参数，如果无须调整，就可以把验证集数据"还给"训练集。

测试集的作用是量化地评估模型的训练结果，但测试集数据一般只用来评判结果，而不会用来调整参数。也就是说，通过训练集和测试集的数据，程序员不仅可训练待用作预测的模型，还能定量地评估训练后模型的质量。

10.2　线性回归分析方法

回归分析的做法是，在对数据进行统计计算的基础上，确定因变量与自变量之间的相互关系，并建立对应的函数表达式，随后再用该表达式进行预测的方法。

在本节中，将以 sklearn 自带的波士顿房价数据集为例，讲述基于线性回归方法模型建模和预测的常规方法。

10.2.1　波士顿房价案例的数据集

按 10.1.1 节讲述的步骤，打开 sklearn 库所在的数据集目录中的 boston_house_prices.csv 文件，可以看到如图 10.2 所示的波士顿房价的数据集。

A	B	C	D	E	F	G	H	I	J	K	L	M	N
506	13												
CRIM	ZN	INDUS	CHAS	NOX	RM	AGE	DIS	RAD	TAX	PTRATIO	B	LSTAT	MEDV
0.00632	18	2.31	0	0.538	6.575	65.2	4.09	1	296	15.3	396.9	4.98	24
0.02731	0	7.07	0	0.469	6.421	78.9	4.9671	2	242	17.8	396.9	9.14	21.6
0.02729	0	7.07	0	0.469	7.185	61.1	4.9671	2	242	17.8	392.83	4.03	34.7
0.03237	0	2.18	0	0.458	6.998	45.8	6.0622	3	222	18.7	394.63	2.94	33.4

图 10.2   波士顿房价数据集里的数据

其中第 1 行的 506 和 13 这两个数据表示该数据集里有 506 条数据，13 个特征值字段。具体来看上图里 A 列到 M 列的 CRIM 等数据是特征数据，这些数据可影响到 N 列的名为 MEDV 的房价数据。在以下的线性回归范例中，将拟合前 13 个特征数据和 MEDV 房价之间的关系。

如下的 BostonDemo.py 范例程序将拟合单个字段和房价间的一元线性回归关系，从中可以看到基于 sklearn 库实现线性回归的常见方法。

```
BostonDemo.py
1   from sklearn.linear_model import LinearRegression
2   import numpy as np
3   import pandas as pd
4   import matplotlib.pyplot as plt
5   from sklearn import datasets
6   dataset=datasets.load_boston()
7   data=pd.DataFrame(dataset.data)
8   data.columns=dataset.feature_names         # 特征值
9   data['Price']=dataset.target               # 房价，即目标值
10  # 计算 RM 和房价的关系
11  rm=data.loc[0:data['RM'].size-1,'RM'].as_matrix()
12  price=data.loc[0:data['Price'].size-1,'Price'].as_matrix()
13  rm=np.array([rm]).T
14  price=np.array([price]).T
```

本范例程序的第 6 行代码调用 load_boston 方法加载波士顿房价的数据集，第 7 行代码把该数据集转换成 DataFrame 类型，通过第 8 行的代码把前 13 个字段的特征值放入 data.columns 对象，通过第 9 行代码把目标值房价（即 MEDV）放入 data['Price']对象。

为了符合 sklearn 相关方法对数据格式的要求，在本范例程序中用第 11 行到第 14 行的代码进行了数据转换操作，转换后的数据格式可满足如下第 17 行 fit 方法的要求。

```
15  # 训练线性模型
16  lrTool=LinearRegression()
17  lrTool.fit(rm,price)
18  print(lrTool.score(rm,price))
19  # 画图显示
20  fig=plt.figure()
```

```
21  axDis=fig.add_subplot(1,2,1)
22  axDis.scatter(rm,price,label='RM Values')
23  axDis.plot(rm,lrTool.predict(rm),color='R',linewidth='5',label=
    'Predicted Values')
24  axDis.set_title("RM 与房价的线性关系")
25  axDis.set_xlabel("RM")
26  axDis.set_ylabel("Price")
27  axDis.legend()    # 绘制图例
```

第 16 行代码创建了 LinearRegression 类型的线性回归模型对象，之后的第 17 行 fit 方法拟合了特征值 RM 和房价的线性关系，即通过 fit 方法算出 price=k*dis+b 里 k 和 b 的值，以此来构建拟合表达式。拟合完成后，通过第 18 行的 score 方法，量化出本次拟合的结果。

之后的第 18 行和第 27 行代码用 Matplotlib 库的可视化方法，对比了拟合后的结果和真实数据。具体是用第 21 行的代码创建一个子图，在第 22 行用 scatter 散点图的方式绘制 RM 参数和房价的关系，并在第 23 行代码里用点状图的形式绘制了 RM 和根据 RM 拟合后房价间的线性关系。

```
28  # 计算 AGE 与房价的关系
29  age=data.loc[0:data['AGE'].size-1,'AGE'].as_matrix()
30  age=np.array([age]).T
31  lrTool.fit(age,price)
32  print(lrTool.score(age,price))
33  axAGE=fig.add_subplot(1,2,2)
34  axAGE.scatter(age,price,label='AGE Values')
35  axAGE.plot(age,lrTool.predict(age),color='R',linewidth='5',label=
    'Predicted Values')
36  axAGE.set_title("AGE 与房价的线性关系")
37  axAGE.set_xlabel("AGE")
38  axAGE.set_ylabel("Price")
39  axAGE.legend(loc='best')      # 绘制图例
40  plt.rcParams['font.sans-serif']=['SimHei']
41  plt.show()
```

第 28 行到第 41 行的代码计算并可视化了 AGE 参数和房价的线性关系，具体地是在第 31 行用 fit 方法拟合 AGE 特征值和房价间的线性关系，并通过第 32 行的 score 方法对该次拟合结果打分。随后第 34 行代码绘制出基于真实数据的 AGE 参数和房价的散点图，在第 36 行的代码里绘制出 AGE 参数以及根据该参数预测出的房价之间的点状图。

本范例程序运行后，可在控制台里看到如下的输出：

```
1  0.4835254559913343
2  0.14209474407780442
```

它们分别是对用 RM 和 AGE 参数进行拟合的评估分，此外还能看到如图 10.3 所示的拟合结果图。

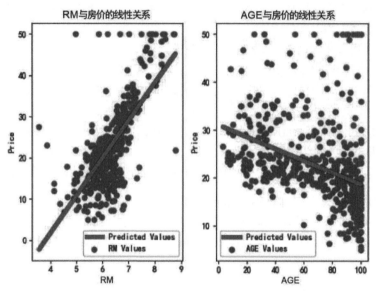

图 10.3   波士顿房价数据集一元线性回归的拟合结果图

结合之前输出的 score 评估分，从本范例程序运行结果中读者能得出如下的结论：

- 用来预测结果的 score 分数取值范围为 0~1，1 表示完全拟合，0 表示完全不拟合。该数据集中的房价应该受到 13 个特征值的影响，但这里仅用一个特征值来拟合同房价的线性关系，所以表示预测结果的 score 值很低。
- 在图 10.3 左边的子图里，每一个散点表示真实数据，其中每个散点的 x 轴取值是该条数据的 RM 值，y 轴取值是房价，而红色线条表示预测数据，线条中每个点的 x 轴取值还是表示该条数据 RM 特征值，而 y 轴取值则表示根据当前 RM 值预测出的房价数字，右边子图则展示了 AGE 参数和房价之间的真实结果和预测后的结果。
- 从这两幅子图来看，用 RM 和 AGE 参数拟合的结果都不太好，但相比 AGE 参数，用 RM 参数拟合后的数据更接近真实数据，这和 RM 参数的 score 评分要比 AGE 参数评分高的结果相对应。

10.2.2   多元线性回归分析方法

在 10.2.1 节中用波士顿房价数据构建一元线性关系时，只传入了一个特征值，以下的 BostonLr.py 范例程序将在调用 fit 方法构建线性回归模型时传入所有 13 个特征值，由此来构建所有特征值和房价之间的线性回归关系。

BostonLr.py

```
1    from sklearn import datasets
2    from sklearn.linear_model import LinearRegression
```

```
3    import matplotlib.pyplot as plt
4    # 加载数据集
5    dataset = datasets.load_boston()
6    #特征值集合，不包括房价
7    featureColumns = dataset.data
8    price = dataset.target
9    lrgModel = LinearRegression()
10   lrgModel.fit(featureColumns, price)
11   # 输出参数和评分
12   print(lrgModel.intercept_)
13   print(lrgModel.coef_)
14   print(lrgModel.score(featureColumns,price))
15   # 可视化显示
16   plt.rcParams['font.sans-serif']=['SimHei']
17   plt.scatter(price,price,label='真实数据')
18   plt.scatter(price,lrgModel.predict(featureColumns),color='R',label=
     'Predicted Price')
19   plt.legend()      # 绘制图例
20   plt.xlabel("Price")
21   plt.ylabel("拟合后的数据")
22   plt.show()
```

本范例程序通过第 9 行代码创建模型，通过第 10 行的 fit 方法用特征值和目标值训练模型。在 fit 方法之后的第 12 行到第 14 行代码输出本次拟合的两个参数和评分，第 16 行到第 22 行代码用 Matplotlib 库里的方法可视化拟合后的结果。

其中第 17 行绘制的散点图，横轴和竖轴都是真实的房价值，而第 18 行绘制的散点图里，横轴是真实房价，竖轴则是预测后的结果。

运行本范例程序，可在控制台看到如下的输出结果：

```
1    36.45948838509001
2    [-1.08011358e-01  4.64204584e-02  2.05586264e-02  2.68673382e+00
     -1.77666112e+01  3.80986521e+00  6.92224640e-04 -1.47556685e+00
     3.06049479e-01 -1.23345939e-02 -9.52747232e-01  9.31168327e-03
     -5.24758378e-01]
3    0.7406426641094094
```

本例的多元线性回归拟合操作，其实是要拟合如下函数里 k1 到 k13 的参数，以及表示截距 b 的取值。

```
MEDV = k1*CRIM + k2*ZN + … + k13*LITAT + b
```

上述输出结果的第 1 行是截距 b 的值，第 2 行是 k1 到 k13 的数值，而第 3 行是本次拟合的评估分。

此外，还能看到如图 10.4 所示的拟合结果，其中蓝点表示真实房价，由于蓝点的横轴与竖轴都是真实房价，因此蓝点组成了一条直线。

对于红点来说，横轴还是真实房价，竖轴则表示预测后的房价，从图 10.4 中可以看出，表示预测结果的红点散布在表示真实数据的蓝点周围，且预测数据和真实数据间有一定的相似度。此外本次拟合的评估分约为 0.74，相对接近于 1，说明本次预测结果具有一定的可信度。

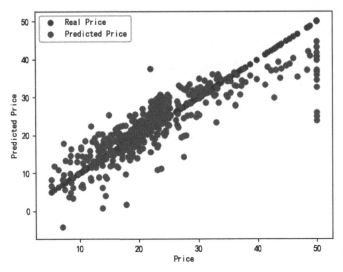

图 10.4　波士顿房价数据集的多元线性回归拟合结果图

10.2.3　交叉验证分析技术

交叉验证技术（Cross-Validation，简称 CV）是机器学习中的一种常用分析技术，该技术可以评估模型对数据集的拟合能力。

回顾上节介绍的基于波士顿房价数据集的回归分析案例可知，在用特征值拟合目标值之后，可以得到如下的多元线性回归模型。

```
MEDV = k1*CRIM + k2*ZN + ... + k13*LITAT + b
```

在此基础上，我们向模型输入了 13 个特征值来进行房价的预测，在统计分析的应用场景中，需要先选择模型，再通过特征值和目标值来拟合模型中的参数，之后用训练好的模型来进行预测。

需要注意的是，在选择模型时，通常需要考虑如下两个指标：第一，该模型在拟合现有样本数据时的误差；第二，该模型在预测新数据时的误差。理想情况下，这两个误差值都应该尽可能地小，那么如何选择最优模型，才能使误差值尽可能小呢？通过使用交叉验证方法，则可量化选定模型的上述两个指标，从而帮助程序员选定该使用哪种模型。

交叉验证的常规步骤如下。

先把给定的数据集划分成若干个子集，比如把波士顿房价数据集划分为 10 个子集，假设子集分别是 b1，b2，…，b10。

接着选用 b1，b2，…，b9 作为训练集来拟合模型中的参数，并用训练好的参数预测测试集 b10 里的特征值，并对比预测结果和 b10 中的真实结果，由此得到一个评估分。

最后用同样的模型，本例是用 b1，b2，…，b8，b10 中的数据作为训练集来拟合参数，并预测测试集 b9 里的特征值，得到一个预测结果的评估分。依次类推遍历 10 次，让每个子集都有机会成为测试集，这样可得到 10 个评分。

上述过程每次拟合所用的训练集和测试集都不同，所以可有效地利用现有数据，量化当前模型的预测结果，并能在此基础上选定有效模型。以下的 BostonWithCross.py 范例程序介绍了如何用 sklearn 库里的方法实现交叉验证。

```
BostonWithCross.py
1    from sklearn import datasets
2    from sklearn.linear_model import LinearRegression
3    from sklearn.model_selection import cross_val_predict
4    from sklearn.model_selection import cross_val_score
5    # 加载数据
6    dataset = datasets.load_boston()
7    # 特征值集合，不包括房价
8    featureColumns = dataset.data
9    price = dataset.target
10   lrgModel = LinearRegression()
11   print(cross_val_score(lrgModel, featureColumns, price, cv=10))
```

本范例程序的第 11 行代码通过调用 cross_val_score 方法计算并输出了交叉验证的结果。该方法通过 cv=10 参数把所有数据划分成 10 个子集，即进行 10 次拟合，每次用其中的一个子集作为测试集，其他作为训练集。本范例程序的运行结果如下所示：

```
[ 0.73376082  0.4730725  -1.00631454  0.64113984  0.54766046  0.73640292
0.37828386 -0.12922703 -0.76843243  0.4189435 ]
```

从中可以全面地观察到线性回归模型对波士顿房价数据的拟合与预测的结果。

10.3　岭回归和 Lasso 回归分析法

岭回归（Ridge Regression）和 Lasso 回归是对传统线性回归分析方法的改进，本节首先讲述相关概念，然后将介绍用波士顿房价数据集实现这两种回归方法的使用技巧。

10.3.1　岭回归和线性回归的差别

上一节介绍的线性回归模型其底层数学基础是最小二乘法，而岭回归的底层数学基础其实是一种改良版的最小二乘法。具体而言，是以损失部分信息和降低精确度为代价，让通过样本数训练得到的回归系数更加符合实际要求。

在用样本数据训练模型时，还可能会遇到过拟合的问题。所谓过拟合，是指在用训练集拟合参数时，由于损失函数过于严格，在用此类参数通过测试集验证时，效果会表现得较差。

构建岭回归模型时，可以通过设置 alpha 参数有效地防止过拟合。这里的 alpha 参数相当于一个约束项，也叫正则化项。

在如下的 LossDemo.py 范例程序中，构建岭回归对象时，会尝试传入多个 alpha 值，并以"均方差"的方式量化，通过多个 alpha 值拟合。此外还会给出这些损失值和线性回归模型损失值的对比结果，我们从中可以直观地看到岭回归和线性回归的差异。

```
LossDemo.py
1    from sklearn import datasets
2    from sklearn.linear_model import LinearRegression
3    from sklearn.model_selection import cross_val_score
4    from sklearn.linear_model import Ridge
5    import matplotlib.pyplot as plt
6    import numpy as np
7    # 加载数据
8    dataset = datasets.load_boston()
9    featureColumns = dataset.data
10   price = dataset.target
11   lrgModel = LinearRegression()
12   # 以均方差衡量结果
13   scoreForLr = -cross_val_score(lrgModel, featureColumns, price, cv=10,
     scoring='neg_mean_squared_error')
14   lrLossVal=np.mean(np.sqrt(scoreForLr))
```

本范例程序第 8 行到第 10 行代码用来加载波士顿房价数据集，并把特征值和目标值赋予相应的对象。第 11 行代码构建了一个线性回归模型，第 13 行调用 cross_val_score 方法设置该线性回归模型的评价方式，是通过 scoring 参数指定以均方差来衡量结果。

根据之前提到的交叉验证知识点，这里会根据 cv 参数把数据集划分成 10 块，然后依次把其中的一块当作测试集，也就是说，scoreForLr 对象里会包含 10 个评价分，第 14 行会对这 10 个评价分进行处理，即先开根号后再求平均值，这个值其实是预测值和真实值之间均方差之和的平均值。

```
15   # 生成一组 alpha 数值
16   alphaVal = np.arange(0,80,2)
17   # 存储两种方式的损失值
18   scoreForRidgeList=[]
19   scoreForLrList=[]
20   # 求各种 alpha 值的损失值
21   for alpha in alphaVal:
22       model = Ridge(alpha)        # 构建岭回归的模型
23       scoreForRidge = -cross_val_score(model, featureColumns, price, cv=10,
         scoring='neg_mean_squared_error')
24       scoreForRidgeList.append(np.mean(np.sqrt(scoreForRidge)))
25       scoreForLrList.append(lrLossVal)        # lrLossVal 是个常量
```

第 16 行代码用 NumPy 的 arange 函数创建了一组 alpha 数据，并在第 21 行的 for 循环用这些 alpha 数据依次计算对应的岭回归模型的损失值。

第 21 行代码通过 alpha 值构建岭回归模型对象，第 23 行代码以交叉验证的方式用 neg_mean_squared_error 方法计算各数据集的损失值，第 24 行代码把当前 alpha 值的对应均方差均值放入一个 list 对象。由于需要对比展示，因此通过第 25 行代码把线性回归的损失值放入 list 对象。

```
26    # 绘制效果图
27    plt.rcParams['font.sans-serif']=['SimHei']
28    plt.plot(alphaVal,scoreForRidgeList,color = 'blue',label='岭回归的损失值')
29    plt.plot(alphaVal, scoreForLrList,color = 'red',label='线性回归的损失值')
30    plt.legend()          # 绘制图例
31    plt.xlabel("Alpha 取值")
32    plt.ylabel("损失值")
33    plt.title("线性回归和岭回归损失值对比图")
34    plt.show()
```

第 28 行和第 29 行代码用 plot 方法分别绘制了线性回归模型和各种 alpha 值岭回归模型的损失值，为了直观地展示，在两个 plot 方法里均用 label 参数指定了图例。

本范例程序运行后能看到如图 10.5 所示的效果，其中 x 轴是 alpha 的取值，而 y 轴是损失值，即拟合后的值同真实数据间的差距，由此可以对比不同模型的损失值。

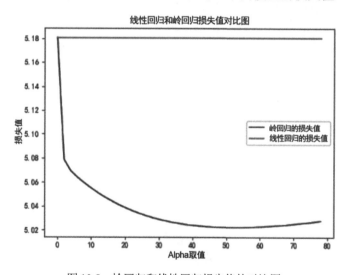

图 10.5　岭回归和线性回归损失值的对比图

由于损失值由均方差来确定，因此应当越小越好。从图 10.5 中可知，线性回归的损失值是个常量，而用不同 alpha 值构建的岭回归模型损失值是一条曲线，在 alpha 值约为 50 的位置，损失值最小。

10.3.2　用岭回归拟合波士顿房价

根据 10.3.1 节得到的结论，我们将在如下的 BostonRidge.py 范例程序中使用 alpha 值为 50

的岭回归模型来拟合波士顿房价。

```python
BostonRidge.py
1    from sklearn import datasets
2    from sklearn.linear_model import Ridge
3    import matplotlib.pyplot as plt
4    # 加载数据
5    dataset = datasets.load_boston()
6    # 特征值集合，不包括房价
7    featureColumns = dataset.data
8    price = dataset.target
9    model = Ridge(50)    # 构建岭回归的模型
10   model.fit(featureColumns, price)
11   # 可视化显示
12   plt.rcParams['font.sans-serif']=['SimHei']
13   plt.scatter(price,price,label='Real Price')
14   plt.scatter(price,model.predict(featureColumns),color='R',label=
     'Predicted Price')
15   plt.legend()            # 绘制图例
16   plt.xlabel("真实房价")
17   plt.ylabel("预测中的方法")
18   plt.show()
```

本范例程序和之前用线性回归模型拟合的波士顿房价的范例程序很相似，差别在第 9 行——使用了 alpha 值为 50 的岭回归模型来拟合房价。之后在第 10 行代码里通过 fit 方法用样本参数来拟合模型中的参数，拟合后用第 14 行的代码通过 predict 方法来根据特征值来预测结果。

本范例程序运行后的结果如图 10.6 所示，从中可看到岭回归的模型和线性回归模型一样，能够很好地通过特征值来拟合房价数据。

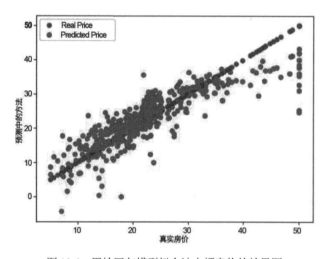

图 10.6   用岭回归模型拟合波士顿房价的效果图

10.3.3　用 Lasso 回归分析波士顿房价

Lasso 回归也和岭回归一样，使用参数正则化的方式来解决过拟合的问题，只不过 Lasso 回归模型在拟合时可让一些参数变成零，相比之下，岭回归和线性回归模型可能只会让一些参数接近于 0，而不是直接设置成 0。

假设波士顿房价数据集有 13 个维度特征值，通过 Lasso 模型拟合的参数有可能让某些参数直接为 0，即这些参数事实上无法影响到房价，所以 Lasso 回归模型还带有"降维"的特性。

在构建 Lasso 回归模型时，也需要传入一个表示正则化的 alpha 参数，以下的 BostonLasso.py 范例程序将通过交叉验证的方式获取合适的 alpha 值。

```
BostonLasso.py
1    from sklearn import datasets
2    from sklearn.linear_model import Lasso
3    from sklearn.linear_model import LassoCV
4    import numpy as np
5    # 加载数据
6    dataset = datasets.load_boston()
7    # 特征值集合
8    featureColumns = dataset.data
9    price = dataset.target
10   # 生成一组 alpha 数值
11   alphaVal = np.logspace(-20,2,50)
12   lassoCV=LassoCV(alphas=alphaVal,cv=10)
13   lassoCV.fit(featureColumns,price)
14   lassoModel=Lasso(alpha=lassoCV.alpha_)
15   lassoModel.fit(featureColumns,price)
16   print(lassoCV.alpha_)   # 打印 alpha 值
17   # 打印回归系数和评分
18   print(lassoModel.coef_)
19   print(lassoModel.score(featureColumns, price) )
```

本范例程序在第 8 行和第 9 行得到特征值和目标值后，在第 12 行通过 lassoCV 对象以交叉验证的方式得到构建 Lasso 模型时所需要的 alpha 参数。

随后的第 14 行代码用 LassoCV 方法得到的 alpha 值来构建 Lasso 回归模型，并在第 15 行代码调用 fit 方法拟合参数，随后再通过第 16 行到第 19 行的代码来输出 alpha 值和各项参数。

本范例程序运行后的结果如下：

```
1    0.5689866029018281
2    [-8.04377721e-02  4.95832208e-02 -1.20965592e-03  0.00000000e+00
     -0.00000000e+00  2.28736903e+00  5.93128356e-03 -8.96269182e-01
     2.76517103e-01 -1.55087158e-02 -7.54056294e-01  9.30754046e-03
     -6.71013498e-01]
3    0.710892469451273
```

结果中的第 1 行是构建 Lasso 模型时所到的 alpha 值，第 2 行是 13 个特征值的系数，第 3 行则是本次拟合的评估分。

由上述输出结果可知，虽然第 3 行展示的评估分要比线性回归模型的评估分低，但 13 个特征值系数里出现了两个 0，也就是说这两个参数和目标值没有关系，这样事实上达到了降维的效果。

10.4　基于机器学习的分类分析方法

本节中将讲述基于机器学习的另一个分析方法，即分类分析方法。分类分析方法的一般步骤是，先用样本数据训练 SVM 等分类模型，再用训练好的模型分析新输入的特征值，从而把新输入特征值所对应的样本数据划分到正确的分类中。

10.4.1　SVM 分类器的线性与高斯内核

SVM（Support Vector Machine）中文含义是支持向量机，在数据分析的应用场景中，一般用它来分类样本数据。

SVM 以及其他分类器比较常用的内核有线性内核和高斯内核，所谓内核，是指分类器中底层实现的数学算法。SVM 分类器的工作原理是，根据由内核指定的算法，计算出不同类别数据的界限，这样就能把样本数据划分成若干种类型。

在数据分析中，可根据样本数量和样本的特征值数量来选用分类器的内核，选择原则如下：

- 当样本数据的特征值数量比较大，建议选用基于"线性内核"的 SVM 分类器。
- 当特征值数量较小，且样本数也不大时，建议选用基于"高斯内核"的 SVM 分类器。
- 当特征值数量较小，但样本数较大时，建议选用基于"线性内核"的 SVM 分类器。

以下通过 SVMSimpleDemo.py 范例程序来演示基于线性内核与高斯内核的 SVM 分类器的用法以及通过 SVM 分类器划分边界的方法。

```
SVMSimpleDemo.py
1   import numpy as np
2   import matplotlib.pyplot as plt
3   from sklearn import svm
4   from sklearn.datasets import make_blobs
5   from matplotlib.colors import ListedColormap
6   # 给出平面上的 30 个点，分为两类
7   points,type=make_blobs(n_samples=30,centers=2,n_features=2)
8   # 求出随机点的最大和最小的 x 和 y 值
9   xMin=points[:,0].min()
10  xMax=points[:,0].max()
11  yMin=points[:,1].min()
```

```
12   yMax=points[:,1].max()
```

第 7 行代码用 make_blobs 方法创建了 30 个二维样本数据，这些数据都是围绕 2 个中心点来创建的，即在创建的时候就把这些数据分成了两类。

第 9 行到第 12 行代码计算得到生成数中 x 轴和 y 轴方向最大和最小的数据，这些数据在随后绘制分界线时会用到。

```
13   # 建立线性内核的模型
14   svmLr = svm.SVC(kernel='linear')
15   svmLr.fit(points,type)  # 用参数训练模型
16   # 确立分类的直线
17   sample = svmLr.coef_[0]           # 系数
18   slope  = -sample[0]/sample[1]     # 斜率
19   lrX = np.arange(xMin,xMax,0.1)  # 获取 x 轴间距是 0.1 的若干数据
20   lrY = slope*lrX-(svmLr.intercept_[0])/sample[1]
```

第 14 行代码生成了内核是线性（linear）的 svm.SVC 模型，即包含线性内核的 SVM 分类器，随后第 15 行的 fit 方法用 points 和 type 对该模型进行训练。训练后的 svmLr 模型会包含用于划分 points 中两类点的边界信息，通过第 17 行和第 18 行代码可把该边界的系数和斜率赋值给两个不同的对象。

第 19 行的代码用到了样本数据的 x 轴最大值和最小值，生成了一组间距为 0.1 的数据，并在第 20 行里用边界的斜率和截距对应生成了一组 y 轴的数据，后文将用 lrX 和 lrY 的这两组数据绘制线性 SVM 分类器的边界。

```
21   # 建立高斯内核的模型
22   svmGK = svm.SVC(kernel='rbf')
23   svmGK.fit(points,type)
24   meshgridX, meshgridY = np.meshgrid(
25       np.arange(xMin,xMax,0.01),np.arange(yMin,yMax,0.01)
26   )
27   # 重构 meshgridX 和 meshgridY 的格式
28   boundaryX = np.c_[meshgridX.flatten(), meshgridY.flatten()]
29   boundaryY = svmGK.predict(boundaryX)
30   # 绘制等值线，并用颜色填充，以区分两类数据
31   plt.contourf(meshgridX, meshgridY, boundaryY.reshape(meshgridX.shape))
```

第 22 行代码生成基于高斯内核的 SVM 分类器，第 23 行代码用 fit 方法根据样本数据和分类信息训练该分类器，但高斯内核分类器模型的边界信息无法用截取和斜率表示。

为了可视化高斯内核分类器的边界，首先需要通过第 24 行的 meshgrid 方法，根据样本数据里 x 轴和 y 轴的最大和最小数据产生一组网格数据，从 arange 参数可以看到，这组网格数据 x 轴和 y 轴的间隔都是 0.01，随后在第 28 行用 flatten 方法把网格里的 x 轴和 y 轴数据转换成一维，并用 np.c_ 方法连接起来，这样就能在第 29 行里绘制基于高斯内核 SVM 分类器的边界。

随后再通过第 31 行的 contourf 绘制等值线图，请注意该方法第 3 个表示高度的参数，它从数值上等同于高斯内核分类器的边界，这样就能直观地把数据划分成两类了。

```
32  # 画出划分直线
33  plt.rcParams['axes.unicode_minus']=False          # 正常展示负号
34  plt.rcParams['font.sans-serif']=['SimHei']         # 支持中文
35  plt.plot(lrX,lrY,color='blue',label='线性内核分界线')
36  plt.legend()          # 绘制图例
37  pointColors = ListedColormap(['green', 'red'])
38  plt.scatter(points[:,0],points[:,1],c=type,cmap=pointColors)
39  plt.show()
```

第 35 行代码根据之前计算的结果绘制了线性内核的分界线，第 38 行代码以散点图的形式绘制样本数据。由于第 8 行 make_blobs 生成的点是随机的，因此运行本范例程序可看到不同的结果，其中的一种结果如图 10.7 所示。

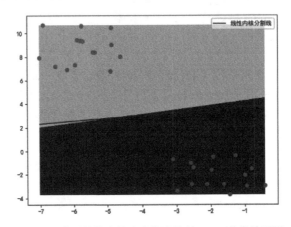

图 10.7   基于线性内核和高斯内核的 SVM 分类效果图

从图 10.7 中可以看到，线性内核分类器的分界线是一条线，而高斯内核分类器则是以区域的形式来显示不同种类的数据。

10.4.2   用 SVM 分类器分类鸢尾花

根据 10.1.2 节给出的路径，找到鸢尾花数据集 iris.csv，用 Windows 的"记事本"程序打开该文件，可以看到数据的样式如图 10.8 所示。

图 10.8   鸢尾花数据集

第 1 行两个数据 150 和 4 表示该数据集里有 150 个样本数，每个样本有 4 个特征值。从第 2 行开始，用逗号分隔了 5 个数据，其中前 4 个分别表示鸢尾花的花萼长度、花萼宽度、花瓣长度和花瓣宽度，最后一个则表示分类，有 0、1 和 2 三种数据，表示把花分成 3 类数据。

样本数据有 4 个特征值，为了能直观地在平面坐标系里展示分类结果，下面的 SVMIris.py

范例程序中将根据花瓣长度和花瓣宽度这两个特征值来分类。

在该范例程序中用上述两个特征值训练 SVM 分类器，并绘制不同类别间的边界。由于只用到了两个特征值，因此分类结果未必准确。

```
SVMIris.py
1    import numpy as np
2    import matplotlib.pyplot as plt
3    from sklearn import svm, datasets
4    from matplotlib.colors import ListedColormap
5    # 导入鸢尾花数据集
6    iris = datasets.load_iris()
7    featureData = iris.data[:,2:4]    # 只取后两列
8    irisType = iris.target  # 取目标值
9    # 建立两种 SVM 模型，并用 fit 方法训练
10   svcLr = svm.SVC(kernel='linear').fit(featureData, irisType)      # 线性核
11   svmGK = svm.SVC(kernel='rbf').fit(featureData, irisType)         # 高斯核
12   xMin = featureData[:, 0].min()
13   xMax = featureData[:, 0].max()
14   yMin = featureData[:, 1].min()
15   yMax = featureData[:, 1].max()
```

第 6 行代码用 load_iris 方法导入鸢尾花的数据，并通过第 7 行代码指定用后两列的特征值，即用花瓣的长度和宽度作为特征值，第 8 行代码指定目标值是花的分类结果。

第 10 行和第 11 行的代码创建了线性内核与高斯内核的 SVM 模型，并通过 fit 方法用指定的特征值和目标值训练这两种 SVM 分类器模型。为了显示分类结果，本范例程序同样用第 12 行到第 15 行代码计算特征值在 x 轴和 y 轴方向的最大值和最小值。

```
16   # 准备 meshgrid 类型的网格数据
17   meshgridX, meshgridY = np.meshgrid(np.arange(xMin, xMax, 0.01),np.
     arange(yMin, yMax, 0.01))
18   fig=plt.figure()
19   fig.subplots_adjust(wspace=0.2)        # 合理调整子图间距
20   plt.rcParams['font.sans-serif']=['SimHei'] # 支持中文
21   # 有三种鸢尾花类型，所以准备三种颜色
22   pointColors = ListedColormap(['pink', 'red','blue'])
```

第 17 行用 meshgrid 方法准备网格数据，第 19 行设置了两个子图的间距，第 22 行设置绘制三种不同分类样本数所用的颜色。在此基础上，就可以通过如下的代码，在两个子图里绘制线性内核与高斯内核的边界了。

```
23   # 线性内核 SVM 可视化效果
24   axLinear=fig.add_subplot(1,2,1)
25   z = svcLr.predict(np.c_[meshgridX.flatten(), meshgridY.flatten()]).
     reshape(meshgridX.shape)
26   axLinear.contour(meshgridX, meshgridY, z)
27   axLinear.scatter(featureData[:, 0], featureData[:, 1], c=irisType,
     cmap=pointColors)
28   axLinear.set_title("基于线性内核的 SVM 分类效果图")
```

```
29  axLinear.set_xlabel("花瓣长度")
30  axLinear.set_ylabel("花瓣宽度")
31  axLinear.set_xlim(meshgridX.min(),meshgridX.max())
32  axLinear.set_ylim(meshgridY.min(),meshgridY.max())
```

第 24 行到第 32 行代码在 axLinear 子图上绘制基于线性内核分类器边界和鸢尾花的样本数据。第 26 行代码用 contour 方法绘制了等高线，这里的边界和高度通过第 25 行的代码计算得到。

第 27 行代码用 scatter 方法绘制了三类的样本数据，随后用第 28 行到第 32 行代码设置了子图的标题、x 轴和 y 轴的标签和刻度范围。

```
33  # 高斯内核 SVM 可视化效果
34  axRbf=fig.add_subplot(1,2,2)
35  z = svmGK.predict(np.c_[meshgridX.flatten(), meshgridY.flatten()]).
    reshape(meshgridX.shape)
36  axRbf.contour(meshgridX, meshgridY, z)
37  axRbf.scatter(featureData[:, 0], featureData[:, 1], c=irisType,
    cmap=pointColors)
38  axRbf.set_title("基于高斯内核的 SVM 分类效果图")
39  axRbf.set_xlabel("花瓣长度")
40  axRbf.set_ylabel("花瓣宽度")
41  axRbf.set_xlim(meshgridX.min(),meshgridX.max())
42  axRbf.set_ylim(meshgridY.min(),meshgridY.max())
43  plt.show()
```

第 34 行到第 43 行的代码绘制了基于高斯内核分类器的边界线和样本数据，运行上述代码，可看到如图 10.9 所示的结果。

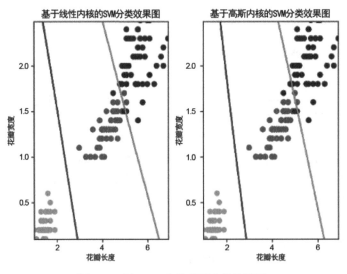

图 10.9　用 SVM 分类鸢尾花的结果图

在上述两个子图里，x 轴都表示花瓣长度数据，y 轴都表示花瓣宽度数据，两个图样本数据的分布是一样的，但分界线略微有差别。通过该范例程序，读者可以进一步掌握基于线性和高斯内核 SVM 分类器的使用技巧。

10.4.3　基于 KNN 分类器的可视化效果

KNN 是英语 k-NearestNeighbor 的缩写，其中文含义是 K 近邻算法。该分类器分类数据的基本做法是，对于未分类的样本数据，根据指定的距离算法找出和它最相近的 k 个已分类的邻居，这些邻居大多属于哪种类型，就把该未分类的样本归纳成这种类型。

在应用场景中，k 值一般不大于 20。以下通过 KNNSimple.py 范例程序介绍 KNN 分类器的基本用法。

```
KNNSimple.py
1   import numpy as np
2   import matplotlib.pyplot as plt
3   from sklearn.datasets import make_blobs
4   from sklearn.neighbors import KNeighborsClassifier
5   from matplotlib.colors import ListedColormap
6   # 围绕 2 个中心点，生成 40 个二维样本数据
7   points,type=make_blobs(n_samples=40,centers=2,n_features=2)
8   # 算出随机点的最大和最小 x 和 y 值
9   xMin=points[:,0].min()
10  xMax=points[:,0].max()
11  yMin=points[:,1].min()
12  yMax=points[:,1].max()
13  # 定义 knn 分类器，k 值是 7
14  knnMode=KNeighborsClassifier(n_neighbors=7)
15  knnMode.fit(points,type)      # 根据现有样本数训练
16  meshgridX,meshgridY=np.meshgrid(np.arange(xMin,xMax,0.01),
    np.arange(yMin,yMax,0.01))
17  z=knnMode.predict(np.c_[meshgridX.flatten(),meshgridY.flatten()])
18  z=z.reshape(meshgridX.shape)
19  plt.contour(meshgridX,meshgridY,z) # 绘制等高线
20  plt.scatter(points[:,0],points[:,1],c=type)
21  plt.rcParams['font.sans-serif']=['SimHei']      # 支持中文
22  plt.rcParams['axes.unicode_minus']=False        # 正常展示负号
23  plt.title('KNN 近邻效果演示')
24  # 加入新的点类，演示预测的效果
25  plt.scatter(0,0,marker='^',s=300,c='red')
26  plt.show()
```

本范例程序的第 7 行代码调用 make_blobs 方法创建了 40 个围绕 2 个中心点的数据。第 14 行代码生成了 KNeighborsClassifier 类型的 KNN 分类器，这里通过 n_neighbors 参数指定了 k 值是 7，即待分类的样本会查看和它最近邻的 7 个样本，根据这 7 个样本的分类结果来决定自己的种类。

第 15 行代码用 fit 方法训练 KNN 分类器。训练后该分类器里会包含划分各样本数据的分

界线信息。第 16 行代码用 meshgrid 方法生成了网格数据，再通过第 19 行代码用等高线绘制了边界，随后第 20 行的代码用散点图的形式绘制了已经分类好的样本数据。

在此基础上，再通过第 25 行的代码绘制了待预测的样本数据，即用 marker 参数以三角形的方式绘制该样本。本范例程序运行后，可看到图 10.10 所示的效果。

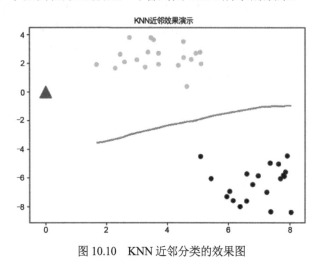

图 10.10   KNN 近邻分类的效果图

从图 10.10 中可看到，用 KNN 分类器绘制的分界线能很好地区分现有的两类数据。此外还可以看到，三角形待分类的数据和它最相近的 7 个邻居均属于上部分的样本，所以该样本也属于此种类型。

10.4.4   用 KNN 分类器分类葡萄酒数据

在 sklearn 库自带的"葡萄酒类"数据集里有 178 个样本数据，每个样本数据具有 13 个特征值，这 178 个数据被分成了 3 种类型。

在以下的 KNNForWine.py 范例程序中，我们先用这 178 个样本数据训练 KNN 分类器，然后再用训练好的分类器预测新输入的葡萄酒类数据。由于葡萄酒数据的特征值超过 2 个，无法用二维坐标轴的形式实现可视化结果，因此本范例程序将用文字的形式输出预测结果。

```
KNNForWine.py
1    from sklearn.datasets.base import load_wine
2    from sklearn.neighbors import KNeighborsClassifier
3    import numpy as np
4    # 获取葡萄酒数据
5    dataSet = load_wine()
6    # 构建 KNN 分类器模型
7    knnModel = KNeighborsClassifier(n_neighbors=8)
8    # 在 fit 方法里，用特征值和目标值训练
9    knnModel.fit(dataSet['data'], dataSet['target'])
10   # 对评估结果打分
11   print(knnModel.score(dataSet['data'], dataSet['target']))
```

```
12   # 使用建好的模型对新酒进行分类预测
13   newData = np.array([[8.91, 5.62, 3.57, 19.21, 91.2, 5.41, 4.31, 2.15, 3.18,
     5.15, 3.12, 5.26, 457.2]])
14   predictedVal = knnModel.predict(newData)
15   print(dataSet['target_names'][predictedVal])
```

本范例程序的第 5 行代码调用 load_wine 方法加载葡萄酒数据集。第 7 行代码创建 k 值为 8 的 KNN 分类器，随后第 9 行调用 fit 方法用数据集的特征值和目标值训练 KNN 模型，训练后再通过第 11 行的 score 方法对训练结果打分。

训练之后的预测做法是，在第 13 行通过 newData 对象定义一个包含 13 个特征值的葡萄酒类数据，再通过第 14 行的 predict 方法预测该特征值所对应的葡萄酒的类型。

本范例程序运行后的结果如下：

```
1    0.7752808988764045
2    ['class_1']
```

结果中的第 1 行数据是对训练后模型的评分，第 2 行数据则表示待预测的葡萄酒的种类。

从上述输出结果可知，用该 KNN 模型预测的结果，评估分接近于 1，具有一定的可信度。

10.4.5　用逻辑回归分类器分类鸢尾花

逻辑回归（logistics regression）虽然在名字中带有"回归"字样，其实和 SVM 等模型一样，也是一种分类方法。以下的 LRIris.py 范例程序演示了用逻辑回归模型划分鸢尾花数据的效果，出于可视化的目的，这里同样只用花瓣长度和花瓣宽度作为特征值。

```
LRIris.py
1    import numpy as np
2    import matplotlib.pyplot as plt
3    from sklearn import svm, datasets
4    from sklearn.linear_model import LogisticRegression
5    from matplotlib.colors import ListedColormap
6    # 导入鸢尾花数据集
7    iris = datasets.load_iris()
8    featureData = iris.data[:,2:4]    #只取后两列
9    irisType = iris.target
10   # 建立逻辑回归模型，并用 fit 方法训练
11   lgModel = LogisticRegression().fit(featureData, irisType)
12   xMin = featureData[:, 0].min()
13   xMax = featureData[:, 0].max()
14   yMin = featureData[:, 1].min()
15   yMax = featureData[:, 1].max()
16   # 准备 meshgrid 类型的网格数据
17   meshgridX, meshgridY = np.meshgrid(np.arange(xMin, xMax, 0.05),
     np.arange(yMin, yMax, 0.05))
18   fig=plt.figure()
19   plt.rcParams['font.sans-serif']=['SimHei']        # 支持中文
```

```
20   z = lgModel.predict(np.c_[meshgridX.flatten(), meshgridY.flatten()]).
     reshape(meshgridX.shape)
21   plt.contour(meshgridX, meshgridY, z)
22   plt.scatter(featureData[:, 0], featureData[:, 1], c=irisType)
23   plt.title("基于逻辑回归的鸢尾花分类效果图")
24   plt.xlabel("花瓣长度")
25   plt.ylabel("花瓣宽度")
26   plt.xlim(meshgridX.min(),meshgridX.max())
27   plt.ylim(meshgridY.min(),meshgridY.max())
28   plt.show()
```

本范例程序和用 SVM 模型分类鸢尾花的范例程序非常相似，区别在第 11 行代码，本范例程序使用了 LogisticRegression 类型的逻辑回归模型。

第 11 行用 fit 方法根据样本数据的花瓣长度和宽度的特征值和表示分类结果的目标值来训练，训练后使用第 20 行代码，即用 predict 方法来计算不同种类的边界，并通过第 21 行代码的 contour 方法来绘制边界。

本范例程序运行后的结果如图 10.11 所示，从图中可看到，用逻辑回归模型分类器分类鸢尾花的可视化效果和用 SVM 模型分类的效果很相似。

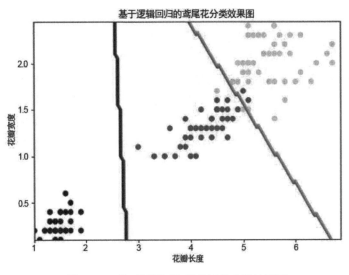

图 10.11   基于逻辑回归的鸢尾花分类效果图

10.5   基于手写体数字识别的分类范例

为了使读者全面掌握分类模型的用法，本节将用 Digits 数据集演示各种分类模型的具体分析方法，读者从中可以进一步掌握基于机器学习的分析方法。

10.5.1　分析 Digits 数据集

在 sklearn 库自带的 Digits 数据集里，包含了 1797 个 8×8 像素大小的灰度图，在用这个数据集进行分析处理前，我们先通过如下的 DigitsDemo.py 范例程序来看看数据集的样式。

```
DigitsDemo.py
1    import matplotlib.pyplot as plt
2    from sklearn import datasets
3    digitsData = datasets.load_digits()      # 加载数据集
4    # 看第一个图像的数据
5    print(digitsData.images[0])
6    # 看第一个图像的数学含义
7    print(digitsData.target[0])       # 输出 0
8    print(digitsData.target[1])       # 输出 1
9    print(digitsData.target.size)     # 输出 1797
10   # 可视化第一幅图
11   plt.imshow(digitsData.images[0])
12   plt.show()
```

本范例程序的第 3 行代码用 load_digits 方法加载了手写体数字识别的数据集，通过第 5 行的输出语句可以看到数据集里第一个图像中的数据。

第 7 行和第 8 行代码分别可以看到第一个和第二个图像所代表的数字，结果分别是 0 和 1；第 9 行代码可看到该数据集中数据样本有 1797 个；通过第 11 行代码的 imshow 方法可以展示第一个数据集的图像。

本范例程序运行后的结果如图 10.12 所示，这个图像看上去像 0，可以和第 7 行的 target 结果对应上。

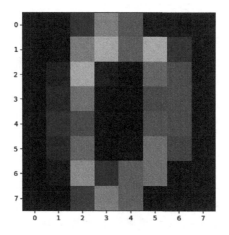

图 10.12　Digits 数据集的可视化效果图

10.5.2　用训练集和测试集评估分类结果

在数据分析应用场景中，可用 train_test_split 方法把样本数据划分为训练集和测试集，并用测试集数据评估拟合的结果，以下的 TrainTestSplitDemo.py 范例程序演示了这个过程。

```
TrainTestSplitDemo.py
1    from sklearn.model_selection import train_test_split
2    from sklearn import datasets
3    from sklearn.neighbors import KNeighborsClassifier
4    from sklearn.metrics import accuracy_score
5    from sklearn import svm
6    digitsData = datasets.load_digits()        # 加载数据集
7    # 划分数据，把20%的数据划分成测试集，其他的作为训练集
8    train_feature, test_feature, train_target, test_target = train_test_
      split(digitsData.data, digitsData.target, test_size=0.2)
9    knnModel = KNeighborsClassifier(n_neighbors=5)
10   knnModel.fit(train_feature, train_target)
11   knnPredictTarget = knnModel.predict(test_feature)
12   # 输出基于 KNN 预测的评估结果
13   print(accuracy_score(knnPredictTarget, test_target))
14   # 创建线性内核的 SVM 分类器模型
15   svmLRModel = svm.SVC(kernel='linear')
16   svmLRModel.fit(train_feature, train_target)
17   svmLRPredictTarget = svmLRModel.predict(test_feature)
18   # 输出基于线性 SMV 模型预测的评估结果
19   print(accuracy_score(svmLRPredictTarget, test_target))
20   # 创建高斯内核的 SVM 分类器模型
21   svmRBFModel = svm.SVC(kernel='rbf')
22   svmRBFModel.fit(train_feature, train_target)
23   svmRBFPredictTarget = svmRBFModel.predict(test_feature)
24   # 输出基于高斯内核 SVM 模型预测的评估结果
25   print(accuracy_score(svmRBFPredictTarget, test_target))
```

本范例程序的第 8 行代码调用 train_test_split 方法把包含手写体数字识别数据的 digitsData 对象划分成训练集和测试集，并通过 test_size 参数设置测试集的比例为 20%。请注意该方法会返回 4 个结果，分别表示训练集的特征值、测试集的特征值、训练集的目标值和测试集的目标值。

第 9 行代码创建了一个 k 值为 5 的 KNN 分类模型，第 10 行用 fit 方法进行拟合，使用的是训练集的特征值和目标值，第 11 行用训练好的模型预测时，使用的是测试集的特征值。

从上述过程中可知，训练集的作用是用来拟合参数，测试集的作用是用来评估结果。第 13 行的 accuracy_score 方法可对比真实结果和预测结果，并给出评估分，基于 KNN 模型的评估分约为 0.989，很接近于 1，表示该模型的拟合效果很好。

第 15 行到第 19 行代码训练了基于线性内核的 SVM 分类模型，并以此来拟合结果，最后也是通过第 19 行的 accuracy_score 方法来评估预测结果，这里的评估分约为 0.981。

第 21 行到第 25 行代码训练了基于高斯内核的 SVM 分类模型，并以此来拟合结果，最后也是用第 25 行的 accuracy_score 方法来评估预测结果，这里的评估分约为 0.989。

在实际的项目中，会用类似的方法评估多种模型的表现，并从中选择一个评估分最好的模型来进行拟合的操作。

10.5.3　观察分类模型的预测与真实结果

在上一小节的 TrainTestSplitDemo 范例程序中，定量地给出了不同分类器的拟合效果，在下面的 DigitsShow.py 范例程序中，我们将以可视化的方式直观地对比预测结果和真实数据。

```
DigitsShow.py
1    from sklearn.model_selection import train_test_split
2    import matplotlib.pyplot as plt
3    from sklearn import datasets
4    from sklearn.neighbors import KNeighborsClassifier
5    from sklearn import svm
6    digitsData = datasets.load_digits()        # 加载数据集
7    # 划分训练集和测试集
8    train_feature, test_feature, train_target, test_target,images_feature,
     images_target = train_test_split(digitsData.data, digitsData.target,
     digitsData.images,test_size=0.002)
```

本范例程序的第 8 行的 train_test_split 方法把 digitsData.data、digitsData.target 和 digitsData.images 分别拆分成训练集和测试集，该方法将返回 6 个对象并通过设置 test_size 参数，指定了测试集的大小是所有数据的 0.002。

```
9    model = KNeighborsClassifier(n_neighbors=5)
10   # model = svm.SVC(kernel='rbf')
11   # model = svm.SVC(kernel='linear')
12   model.fit(train_feature, train_target)
13   predictTarget = model.predict(test_feature)
```

随后的第 9 行代码创建了 KNN 分类模型，然后第 12 行的 fit 方法使用训练集的特征值和目标值训练该模型，并在此基础上通过第 13 行代码用训练后的 KNN 分类模型预测测试集的特征值。

```
14   # 绘制可视化效果
15   fig=plt.figure()
16   fig.subplots_adjust(hspace=0.4)                    # 合理调整子图间距
17   plt.rcParams['font.sans-serif']=['SimHei']         # 支持中文
18   # knnPredictTarget 的长度是 4
19   for cnt in range(len(predictTarget)):
20       ax = fig.add_subplot(2, 2, cnt+1)
21       title = '预测结果'+ str(predictTarget[cnt])
22       title = title + ',真实结果' + str(test_target[cnt])
23       ax.set_title(title)
```

```
24      ax.imshow(images_target[cnt])
25  plt.show()
```

根据计算，测试集的大小是所有样本数据的 0.002，也就是 4 个，所以这里是用第 19 行的 for 代码生成 4 个子图。第 20 行的 add_subplot 方法设置当前子图的位置，第 21 行和第 22 行代码用预测的结果和真实的数值组装 title 字符串，随后第 23 行代码设置标题，然后用第 24 行代码通过 imshow 方法绘制当前待识别数字的图像。

本范例程序运行后的结果如图 10.13 所示，从中读者能看到用 KNN 分类模型预测的结果和真实数据完全一致。

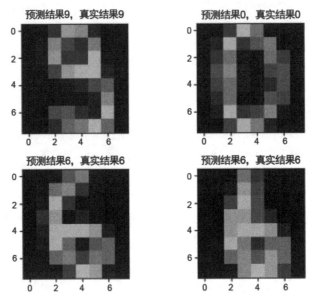

图 10.13   用 KNN 模型识别手写数字图像

此外，还可以在注释掉第 9 行代码的基础上，打开第 10 行或第 11 行的代码，这样就能用基于线性内核与高斯内核的 SVM 分类模型识别手写体数字。

通过对比可以发现，针对不同的分类器，相关的训练和预测代码其实非常相似，所以更应当在数据分析应用场景中，用训练集和测试集选对正确的模型，这样才能有效地提升数据分析的准确性。

10.6 动手练习

1. 用 "pip install" 命令安装本章开发代码所需的 sklearn 库，并观察该库自带的数据集。

2. 运行本章所有的基于机器学习的代码，全面掌握并巩固之前所学的基于线性回归和分类的分析方法。

3. 在 10.3.3 节给出的 Lasso 回归范例程序中，没有用 Matplotlib 库实现可视化的效果，请参考 10.3.2 节的内容，加上相应的可视化代码。

4. 改编 10.5.3 节给出的 DigitsShow.py 范例程序，在其中用基于线性内核与高斯内核的 SVM 分类模型训练并识别 Digits 数据集。

第 11 章

电影评论数据分析案例

本章内容：

- 用 Scrapy 爬取电影评论数据
- 根据爬取的数据进行数据分析

之前的章节讲述了基于 Scrapy 的爬虫、数据分析和文本分析的相关技巧，本章将综合应用这些技能，分析通过 Scrapy 爬取到的电影评论数据。

在分析电影评论数据页面代码的基础上，用 Scrapy 爬虫框架爬取评论数据，随后通过 Matplotlib、NumPy 和 Pandas 这三个库，分析并可视化评论数据，最后用分词和文本分析等工具绘制基于评论信息的词云，并对诸多评论进行情感分析。

通过本章的学习，读者能进一步掌握基于 Scrapy 框架的爬虫开发技巧，并通过实例巩固所学的数据分析和文本分析等相关技能。

11.1 用 Scrapy 爬取电影评论数据

本节首先讲述创建 Scrapy 项目的步骤，然后分析电影的页面，在此基础上给出制定爬取策略的分析过程，最后再通过填充 Scrapy 项目中的各模块，完成整个爬虫项目的开发。

11.1.1　创建 Scrapy 项目

在确保 Scrapy 库成功安装的前提下，可以通过如下的命令创建名为 doubanFilmScrapy 的空白爬虫项目：

```
scrapy startproject doubanFilmScrapy
```

提　示

如果 Scrapy 库还没安装，则可以执行 "pip install scrapy" 命令来安装。

创建完成后，用 PyCharm 等集成开发工具打开，就能看到该空白项目里的文件。其中可以在 items.py 文件里编写待爬取评论数据的模型，可以在 pipelines.py 文件里编写对爬取到的评论数据执行持久化的操作，这里需要把评论数据保存到 JSON 文件中，也可以在 settings.py 文件中配置本爬虫项目的相关参数。

11.1.2　分析待爬取的评论页面代码

这里将要爬取的是 mydouban 网站电影《瞬息全宇宙》的评论，对应的链接如下：

```
https://movie.douban.com/subject/30314848/comments?status=P
```

该电影页面如图 11.1 所示，将要爬取该页面中的评论时间、评分和评论内容等信息。

图 11.1　包含电影评论的页面

打开该页面的代码，可以看到如图 11.2 所示的"评论时间"的代码。

```
▼<div class="article">
  ▶<div class="clearfix Comments-hd">…</div>
  ▶<div class="title_line clearfix color_gray">…</div>
  ▶<div class="comment-filter">…</div>
  ▼<div class="mod-bd" id="comments">
    ▼<div class="comment-item " data-cid="3316554445">
        ::before
      ▶<div class="avatar">…</div>
      ▼<div class="comment">
        ▼<h3>
          ▶<span class="comment-vote">…</span>
          ▼<span class="comment-info">
              <a href="https://www.douban.com/people/162387773/"
              class>King</a>
              <span>看过</span>
              <span class="allstar40 rating" title="推荐"></span>
              <span class="comment-time " title="2022-04-15 20:0
              0:39"> 2022-04-15 20:00:39 </span> == $0
```

图 11.2   包含 "评论时间" 页面的代码

从图中能看到,通过如下的层次结构,可以定位到评论时间的内容。

class 是 article 的 div->class 是 mod-bd 的 div->class 是 comment-item 的 div->class 是 comment 的 div->h3->class 是 comment-info 的 span->class 是 comment-time 的 span

包含 "评分" 的 HTML 页面代码如图 11.3 所示。

```
▼<div class="article">
  ▶<div class="clearfix Comments-hd">…</div>
  ▶<div class="title_line clearfix color_gray">…</div>
  ▶<div class="comment-filter">…</div>
  ▼<div class="mod-bd" id="comments">
    ▼<div class="comment-item " data-cid="3316554445">
        ::before
      ▶<div class="avatar">…</div>
      ▼<div class="comment">
        ▼<h3>
          ▶<span class="comment-vote">…</span>
          ▼<span class="comment-info">
              <a href="https://www.douban.com/people/162387773/"
              class>King</a>
              <span>看过</span>
              <span class="allstar40 rating" title="推荐"></span>
              == $0
```

图 11.3   包含 "评分" 页面的代码

从图中可以看到,通过如下的层次结构能定位到评论时间的内容。

class 是 article 的 div->class 是 mod-bd 的 div->class 是 comment-item 的 div->class 是 comment 的 div->h3->class 是 comment-info 的 span->下属第二个 span

包含 "评论内容" 的 HTML 页面代码如图 11.4 所示。

图 11.4　包含"评论内容"页面的代码

从图中可看到，通过如下的层次结构能定位到评论的内容。

class 是 article 的 div->class 是 mod-bd 的 div->class 是 comment-item 的 div->class 是 comment 的 div-> class 是 comment-content 的 p->class 是 short 的 span

评论内容是分页的，这里出于演示爬虫代码的编写技能，只爬取前 5 页的评论，而页面跳转部分的代码如图 11.5 所示。

```
<a href="?start=20&limit=20&sort=new_score&status=P&perce
nt_type=" data-page="next" class="next">后页 ></a> == $0
```

图 11.5　包含"后页"代码

在后文里，将通过以上分析的 HTML 代码结构编写基于 Scrapy 的爬虫代码，并通过运行爬虫代码获取前五页的"评论时间""评分"和"评论内容"等信息。

11.1.3　编写评论数据的模型

在 doubanFilmScrapy 项目的 items.py 文件里，可以通过如下代码定义待爬取评论信息的数据结构。

```
items.py
1    import scrapy
2    class DoubanfilmscrapyItem(scrapy.Item):
3        # define the fields for your item here like:
4        time = scrapy.Field()          # 时间
5        rate = scrapy.Field()          # 星级评分
6        comment = scrapy.Field()       # 评论
```

在该文件的 DoubanfilmscrapyItem 类的第 4 行到第 6 行的代码里，定义了三个待爬取的字段信息，它们都是 scrapy.Field 类型，该类将会在爬虫模块和 pipelines.py 持久化模块中使用。

11.1.4　编写爬虫代码

进入到 11.1.1 节创建的 doubanFilmScrapy 项目的 spiders 目录中，运行如下代码创建名为 filmSpider 的爬虫：

```
scrapy genspider filmSpider https://movie.douban.com/
```

其中 scrapy genspider 命令用来创建爬虫文件，而参数 filmSpider 则是待创建的爬虫名，参数 https://movie.douban.com/ 则用来指定该爬虫爬取页面的范围。

在运行上述命令后，可以在 spiders 目录里看到名为 filmSpider.py 的爬虫文件，在其中可以通过如下代码来定义爬取电影评论的操作。

```
filmSpider.py
1   #-*- coding: utf-8 -*-
2   import scrapy
3   from doubanFilmScrapy.items import DoubanfilmscrapyItem
4   class FilmspiderSpider(scrapy.Spider):
5       name = 'filmSpider'
6       allowed_domains = ['www.douban.com']
7       start_urls = ['https://movie.douban.com/subject/30314848/
        comments?status=P']
```

在本爬虫模块的第 5 行代码里定义了爬虫的名字，在第 7 行代码里定义了开始爬取数据的页面。

如下第 8 行到第 26 行的 parse 方法里，则定义了爬取评论信息的具体操作。

```
8        def parse(self, response):
9            comments = response.xpath('//div[@class="article"]/div[@class=
             "mod-bd"]/div[@class="comment-item "]/div[@class="comment"]')
10           for oneComment in comments:
11               item = DoubanfilmscrapyItem()
12               time = oneComment.xpath("normalize-space( h3/span[@class=
                 'comment-info']/span[@class='comment-time ']/text())").
                 extract_first()
13               rate = oneComment.xpath("normalize-space( h3/span[@class=
                 'comment-info']/span[2]/@title)").extract_first()
14               comment = oneComment.xpath("normalize-space( p[@class='comment
                 -content']/span[@class='short']/text())").extract_first()
15               item['time'] = time
16               item['rate'] = rate
17               item['comment'] = comment
18               yield item
19           # 下一页的链接地址
20           nextUrl = response.xpath("//a[@class='next']/@href").extract_
             first()
21           # 只爬取前 5 页的数据
```

```
22              if (nextUrl.find('start=120') != -1):
23                  return
24              else:
25                  # 用 yield 递归调用，爬取下一页的内容
26                  yield scrapy.Request("https://movie.douban.com/subject/
                    30314848/comments" + nextUrl, callback=self.parse,dont_
                    filter=True)
```

在 parse 方法里，通过第 10 行到第 18 行的 for 循环，以此爬取当前页面的评论信息。具体的做法是，通过第 12 行到第 14 行代码用 response.xpath 方法根据前文分析好的爬取策略，分别从页面代码里得到评论时间、评分和评论内容，随后通过第 15 行到第 17 行代码把爬取到的信息存入 DoubanfilmscrapyItem 类型的 item 对象，最后通过第 18 行的 yield 方法，把包含该条评论信息的 item 对象传递给用于持久化的 pipelines.py 模块。

在爬取好当前页面后，会通过第 20 行代码获取下一页的评论信息，由于这里只爬取前 5 页的评论，因此用第 22 行的 if 语句进行判断，如果页面 URL 里包含了"start=120"的内容，则说明已经跳转到了第 6 页，需要退出，否则通过第 26 行代码继续爬取下一页的评论信息。

注　意
本例仅用来教学演示，不建议读者进行大规模数据爬取。

11.1.5　编写数据持久化代码

本 Scrapy 框架是通过 pipelines.py 模块，把爬取到的电影评论信息持久化到 JSON 文件里，该模块的代码如下：

```
pipelines.py
1   import codecs
2   import json
3   import os
4   class DoubanfilmscrapyPipeline(object):
5       def __init__(self):
6           filename = 'filmComment.json'
7           if (os.path.exists(filename)):
8               os.remove(filename)
9           self.file = codecs.open(filename, 'w', encoding="utf-8")
10      def process_item(self, item, spider):
11          lines = json.dumps(dict(item), ensure_ascii=False) + "\n"
12          self.file.write(lines)
13          return item
14      def close_spider(self, spider):
15          self.file.close()
```

该模块有 3 个方法，其中第 5 行到第 9 行的 __init__ 方法将会在爬虫被初始化的时间点被调用，该方法会通过第 9 行的代码创建名为 filmComment.json 的文件。

在第 10 行到第 13 行的 process_item 方法里，则通过第 11 行和第 12 行的代码，把从爬虫模块里传递过来的包含评论信息的 item 对象写入 fileComment.json 文件。每当爬虫模块爬取到一条评论信息，并通过 yield 方法传递 item 后，该方法就会被触发，即每爬取一条数据就向 JSON 文件里写入一条数据。

第 14 行到第 15 行代码定义的 close_spider 方法则在爬虫程序停止前运行，该方法用于实现关闭 JSON 文件。

11.1.6　编写爬虫项目的配置信息

为了让爬虫程序能正常运行，还需要在该项目的 settings.py 文件里加入如下的配置代码。

```
settings.py
1    ITEM_PIPELINES = {
2        'doubanFilmScrapy.pipelines.DoubanfilmscrapyPipeline': 300,
3    }
```

上述代码为爬虫模块的 pipelines 持久化对象设置一个线程号，注意，如果不设置，爬虫项目则无法正常运行。

11.1.7　运行爬虫并获取数据

完成上述代码的编写后打开命令行窗口，通过 cd 命令进入 11.1.1 节创建的 doubanFilmScrapy 项目的 spiders 目录中，在其中通过如下命令启动该爬虫：

```
1    scrapy crawl filmSpider
```

其中 scrapy crawl 是启动爬虫的命令，而 filmSpider 则是待启动的爬虫名。

该命令运行完成后，可以在和 fileSpider.py 爬虫文件的同级目录里看到 filmComment.json 文件，该文件里的内容如图 11.6 所示，其中包含了爬取到的评论数据。

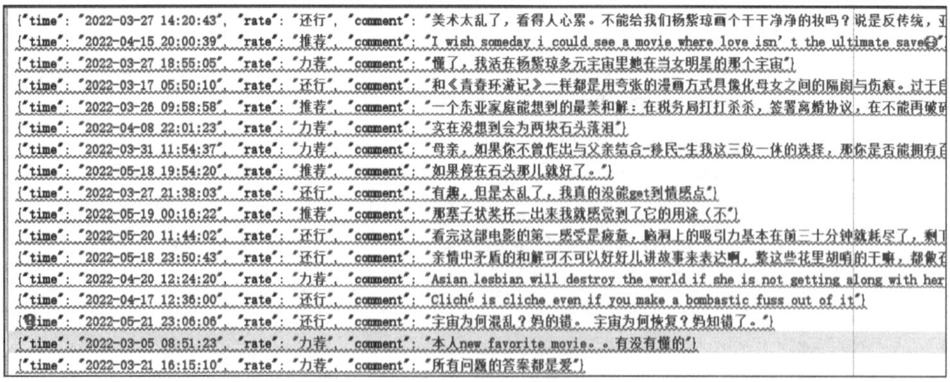

图 11.6　包含评论信息的 JSON 文件

通过上述命令启动爬虫程序后，该 Scrapy 爬虫项目是通过如下的步骤爬取并持久化电影评论信息的。

（1）调用 pipelines.py 里的 __init__ 方法，创建 JSON 文件。

（2）根据 filmSpider.py 爬虫文件里定义的操作，逐一爬取当前页面中的每条评论信息，每爬取到一条评论信息后，会触发 pipelines.py 里的 process_item 方法，把该条评论信息写入 JSON 文件。

（3）爬取完当前页面后，再爬取第 2 页到第 5 页的评论信息，同样也会在每爬到一条评论信息后把该条信息写入 JSON 文件。

（4）完成爬取操作后，调用 pipelines.py 里的 close_spider 方法，关闭 JSON 文件。

11.2　对爬取的电影评论数据进行分析

通过 Scrapy 框架爬取评论信息的目的是为了分析，本节将给出若干分析范例，并用各种图表可视化分析结果。

11.2.1　通过饼图分析评分

针对同一部电影，不同的人会给出不同的评分，以下的 drawPie.py 范例程序将用饼图的形式，绘制爬取到的评分分布情况。

```
drawPie.py
1   import pandas as pd
2   import matplotlib.pyplot as plt
3   # 载入数据
4   commentDf = pd.read_json("./filmComment.json",lines=True,encoding=
    'utf-8')
5   # 开始绘图
6   fig=plt.figure()
7   # 显示中文
8   plt.rcParams['font.sans-serif']=['SimHei']
9   axRate=fig.add_subplot(1,1,1)
10  axRate.set_title("评价分析饼图")
11  countSeries = commentDf['rate'].value_counts()
12  dict = {'rate':countSeries.index,'count':countSeries.values}
13  countDF = pd.DataFrame(dict)
14  labels=countDF['rate']
15  values=countDF['count']
16  axRate.pie(values,labels=labels,autopct='%1.1f%%')
17  plt.show()
```

本范例程序的第 4 行代码通过调用 Pandas 对象的 read_json 方法，从指定的 JSON 文件里读到评论信息，在第 6 行创建用于绘制可视化效果图的 fig 对象，为了能正确地显示出中文需要加入如第 8 行所示的代码。

之后通过第 10 行代码设置标题，通过第 11 行到第 13 行代码统计各评分的格式，并把结果存入 countDF 对象。

在此基础上，通过第 16 行的 pie 方法绘制饼图，其中饼图的标签是评分结果，而计数值则是该评分人数的百分比数量，第 16 行的 pie 方法通过 autopct 参数设置饼图中的数值将保留 2 位小数。运行本范例程序，结果如图 11.7 所示。

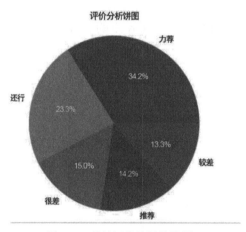

图 11.7　统计评分结果的饼图

11.2.2　通过柱状图分析评分

除了能用饼图展示评分效果外，还能用柱状图的形式展示，如下的 drawBar.py 范例程序将演示这一做法。

```
drawBar.py
1    import pandas as pd
2    import matplotlib.pyplot as plt
3    import numpy as np
4    # 载入数据
5    commentDf = pd.read_json("./filmComment.json",lines=True,encoding=
     'utf-8')
6    # 开始绘图
7    fig=plt.figure()
8    # 显示中文
9    plt.rcParams['font.sans-serif']=['SimHei']
10   ax=fig.add_subplot(1,1,1)
11   ax.set_title("评价分析柱状图")
12   countSeries = commentDf['rate'].value_counts()
13   dict = {'rate':countSeries.index,'count':countSeries.values}
14   countDF = pd.DataFrame(dict)
```

```
15   ax.bar(range(len(countDF['rate'])),countDF['count'])
16   ax.set_xticks(np.arange(0,len(countDF['rate']),1))
17   ax.set_xticklabels(countDF['rate'], rotation=45)
18   plt.show()
```

本范例程序和之前的 drawPie.py 范例程序很相似，都是通过第 5 行的 read_json 方法从 JSON 文件里读取评论数据，并通过第 12 行到第 14 行代码计算各评分的数值。但是本范例程序是通过第 15 行的 bar 方法绘制描述评分信息的柱状图。

在此基础上，本范例程序通过第 16 行和第 17 行代码设置横轴和竖轴的标签文字，该柱状图的横轴显示的是评分值，竖轴显示的是针对具体评分值的数据。运行本范例程序，结果如图 11.8 所示。

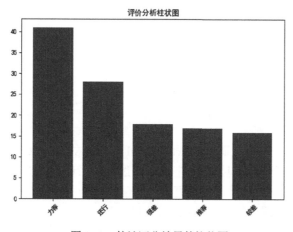

图 11.8　统计评分结果的柱状图

11.2.3　绘制关于评论的词云

以下给出的 WordCloud.py 范例程序将先对评论信息进行分词，然后在此基础上绘制词云。

WordCloud.py

```
1    import pandas as pd
2    import jieba
3    import  wordcloud
4    import matplotlib.pyplot as plt
5    # 载入数据
6    commentDf = pd.read_json("./filmComment.json",lines=True,encoding=
     'utf-8')
7    wordList=[]
8    cnt=0
9    while cnt<=len(commentDf)-1: # 通过 len 方法获取 empDf 的长度
10       wordList.extend(jieba.lcut(commentDf.ix[cnt,'comment'], cut_all=
         False))
11       cnt=cnt+1
```

本范例程序的第 6 行通过 read_json 方法从 JSON 文件里读取评论信息，随后再通过第 9 行到第 11 行的 while 循环，依次对每条评论信息进行分词处理，并把分词后的结果存入 wordList 对象，请注意这里是调用 jieba 库的 lcut 方法进行分词。

```
12  commentWordCloud = wordcloud.WordCloud(
13      background_color='black',
14      # 设置支持中文的字体
15      font_path='C:\\Windows\\Fonts\\simfang.ttf',
16      min_font_size=5,     # 最小字体的大小
17      max_font_size=50,    # 最大字体的大小
18      width=500,   # 图片宽度
19  ).generate('/'.join(wordList) )  # list 转成字符串，否则会报错
20  fig=plt.figure()
21  plt.rcParams['font.sans-serif']=['SimHei']      # 显示中文
22  ax=fig.add_subplot(1,1,1)
23  ax.set_title("关于评论的词云")
24  ax.imshow(commentWordCloud)
25  ax.axis('off')
26  ax.axis('off')
27  plt.show()
```

之后的第 12 行到第 19 行代码使用 wordcloud 词云库的 WordCloud 方法绘制词云，具体方法是，通过第 15 行代码设置词云中的字体，通过第 16 行和第 17 行代码设置词云中最小和最大文字的字体，通过第 18 行代码设置词云的宽度，最为关键的是，在第 19 行通过 generate 方法的参数设置使用诸多评论的分词结果绘制词云。

设置好词云对象后，本范例程序通过第 23 行代码设置了标题，通过第 24 行的 imshow 方法绘制了词云，由于绘制词云时无须绘制坐标轴，因此要加入第 25 行和第 26 行的两段代码去掉横轴和竖轴的坐标轴，本范例程序的运行效果如图 11.9 所示。

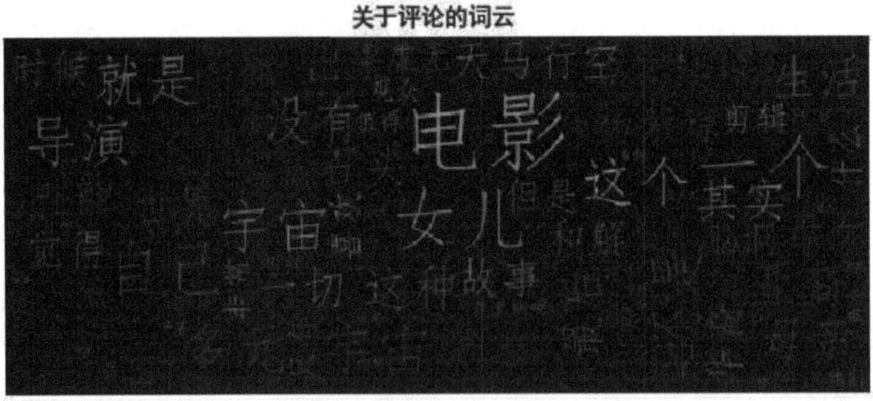

图 11.9　评论信息的词云效果图

从词云图中可以看到，比较重要的信息将会用大字体展示，从中读者能形象地观察到诸多评论中的重要信息。

11.2.4　用直方图观察情感分析结果

第 9 章讲述了如何用 SnowNLP 库里的方法对文本进行情感分析，从第 9 章的相关案例中我们可以看到，情感分析结果是一个从 0 到 1 的数值，数值结果越接近于 1，表示文本含有越多的积极含义，反之如果越接近于 0，则表示文本含有更多的消极含义。

在如下的 emotionAnalytize.py 范例程序中，将逐一对各条评论进行情感分析，并用直方图展示情感分析的结果。

```
emotionAnalytize.py
1    from snownlp import SnowNLP
2    import pandas as pd
3    import matplotlib.pyplot as plt
4    import numpy as np
5    # 载入数据
6    commentDf = pd.read_json("./filmComment.json",lines=True,encoding=
     'utf-8')
7    # 新增一列，加入针对评论的情感分
8    index=0
9    while index<=len(commentDf)-1:
10       commentDf.ix[index,'commentEmotion'] = SnowNLP( commentDf.ix[index,
         'comment'] ).sentiments
11       index = index + 1
12   print(commentDf)
```

该范例程序第 6 行代码通过 read_json 方法从 JSON 文件里得到了评论信息，随后通过第 9 行到第 11 行的 while 循环遍历所有的评论数据，在遍历过程中通过第 10 行代码 SnowNLP 库的 sentiments 方法来计算每条评论的情感分。

计算出的针对每条评论的情感分结果会存放到 commentDf 对象的 'commentEmotion' 这一列中。计算结束后，可以通过 print 输出语句观察每条评论的情感分数值。

```
13   # 绘制直方图
14   fig=plt.figure()
15   plt.rcParams['font.sans-serif']=['SimHei']          # 显示中文
16   ax=fig.add_subplot(1,1,1)
17   ax.set_title("情感分的分布情况")
18   bins=np.arange(0,1.1,0.1)
19   ax.hist(commentDf['commentEmotion'],bins)
20   ax.set_xlabel('情感分')
21   ax.set_ylabel('数量')
22   xticks=np.arange(0,1.1,0.1)
23   ax.set_xticks(xticks)
24   for tick in ax.get_xticklabels():
25       tick.set_rotation(45)
26   plt.show()
```

完成计算后，本范例通过第 14 行到第 26 行代码绘制描述情感分的直方图。具体做法是，通过第 18 行代码设置直方图展示的数值区间，第 19 行代码设置直方图里每个区间里的数据。

为了直观地展示直方图的效果，本范例程序通过第 17 行代码设置标题，第 20 行和第 21 行代码设置横轴和纵轴的标签文字，再通过第 24 行和第 25 行代码旋转横轴的标签文字。

本范例程序的运行结果如图 11.10 所示。从图中可以看到，针对该部电影评论的情感分主要集中在 0.9 到 1.0 这一区间段里，在其他区间段的情感分虽然也有但不多。也就是说，针对该电影的大多数评论都是非常积极的。

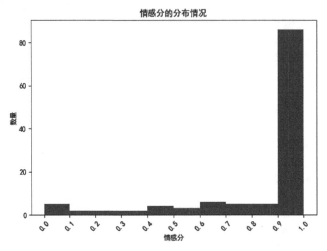

图 11.10　评论的情感分析结果分布图

11.3　动手练习

1. 确认本章所用到的 Scrapy、jieba、wordcloud 和 SnowNLP 等 Python 库成功安装在本机上，如果没有，尝试使用"pip install"命令安装它们。

2. 按 11.1.2 节给出的步骤分析待爬取评论信息的 HTML 页面结构，并制定相应的爬取策略。

3. 在理解 11.1 节给出的开发 doubanFilmScrapy 爬虫项目的基础上，在自己的电脑上重现 doubanFilmScrapy 爬虫项目，并用它来爬取指定电影前 10 页的评论信息。

4. 仿照 11.2.3 节给出的 WordCloud.py 范例程序，先对爬取到的评论进行分词，并在此基础上绘制词云。

5. 仿照 11.2.4 节给出的 emotionAnalytize.py 范例程序，先逐一计算每条评论的情感分，并在此基础上用直方图绘制情感分的分布情况。

第 **12** 章

二手房数据分析案例

本章内容:

- 用 Scrapy 爬取二手房数据
- 对爬取的数据进行数据预处理与数据分析

本章将先在分析链家二手房页面结构的基础上,用 Scrapy 框架爬取链家二手房数据,并在此基础上用 Matplotlib、NumPy 和 Pandas 这三个库,从多个维度分析二手房数据,并绘制可视化图表。

通过本章给出的范例程序,读者不仅能够全面掌握使用 Scrapy 框架爬取页面数据的技巧,还能巩固用饼图、柱状图和直方图等图表可视化数据的操作技能。

12.1　用 Scrapy 爬取二手房数据

在本节中,将首先分析链家二手房的 HTML 页面代码,随后会据此制定针对所需数据的爬取规则,并在此基础上创建并完善 Scrapy 爬虫项目,最后通过运行爬虫代码获取数据。

12.1.1　创建 Scrapy 项目并明确待爬取的数据

在确保 Scrapy 库成功安装的前提下,通过如下命令创建名为 houseScrapy 的空白爬虫项目。

```
scrapy startproject houseScrapy
```

爬虫项目创建完成后，可用 PyCharm 集成开发工具打开该项目，在后文里，将通过完善该 Scrapy 项目的代码爬取 mylianjia 二手房的数据。我们将要爬取如下的二手房数据。

第一，爬取 https://dl.lianjia.com/ershoufang/ganjingzi/ 页面里的二手房数据。

第二，爬取完第一页数据后继续爬取后页的数据，作为演示，本范例程序只爬前 10 页的数据。

第三，一条二手房数据的示例如图 12.1 所示，本范例程序将要爬取二手房信息中的"房屋标题""房屋总价""每平方米的单价""小区名""房屋所在地段""户型""建筑面积""装修情况""房屋朝向""楼层情况""建造时间"和"关注人数"这些信息，而且爬取好的数据将以 JSON 格式来存储。

图 12.1　一条二手房数据的示例图

也就是说，本 Scrapy 范例将根据以上的需求编写爬虫代码，从 mylianjia 网爬取二手房数据。

注　　意
本例仅作为演示教学之用，请读者不要进行大规模网站数据的爬取。

12.1.2　分析待爬取的页面代码

打开二手房页面的代码，可以看到包含"房屋标题"等信息的 HTML 页面结构，如图 12.2 所示。

```
SemState = 1 :Art, Script;
▼<ul class="sellListContent" log-mod="list">
  ▼<li class="clear LOGCLICKDATA" data-lj_view_evtid="21625" data-
    lj_evtid="21624" data-lj_view_event="ItemExpo" data-
    lj_click_event="SearchClick" data-lj_action_source_type="链家_PC_
    二手列表页卡片" data-lj_action_click_position="0" data-
    lj_action_fb_expo_id="587189453185974272" data-
    lj_action_fb_query_id="587189452942704640" data-
    lj_action_resblock_id="1311045905119" data-lj_action_housedel_id=
    "102105589242">
    ▶<a class="noresultRecommend img LOGCLICKDATA" href="https://dl.
      lianjia.com/ershoufang/102105589242.html" target="_blank" data-
      log_index="1" data-el="ershoufang" data-housecode="10210558924
      2" data-is_focus data-sl>…</a>
    ▼<div class="info clear">
      ▼<div class="title">
        <a class href="https://dl.lianjia.com/ershoufang/1021055892
          42.html" target="_blank" data-log_index="1" data-el="ershou
          fang" data-housecode="102105589242" data-is_focus data-sl>
          壹品天城 小高层三室双卫 户型好 带车位 着急出售</a>
```

图 12.2　包含二手房信息的页面代码

从图中可以发现，二手房标题等信息包含在如下的 HTML 层次结构里：

class 是 sellListContent 的 ul->li->class 是 info-clear 的 div

在上述 HTML 代码结构里，如果再向下找到 class 是 title 的 div->a 标签，因为 a 标签的 text 属性里包含房屋的标题。其中包含房屋总价和每平方米单价的 HTML 页面代码如图 12.3 所示，从图中可以看到这两个数据所在的 HTML 结构。

```
1    class 是 priceInfo 的 div->class 是 totalPrice totalPrice2 的 div->span
2    class 是 priceInfo 的 div->class 是'unitPrice'的 div->span
```

```
▼<div class="info clear">
  ▶<div class="title">…</div>
  ▶<div class="flood">…</div>
  ▶<div class="address">…</div>
  ▶<div class="followInfo">…</div>
  ▶<div class="tag">…</div>
  ▼<div class="priceInfo">
    ▼<div class="totalPrice totalPrice2"> flex
      <i> </i>
      <span class>336</span>
      <i>万</i>
    </div>
    ▼<div class="unitPrice" data-hid="102105589242" data-rid="13
    11045905119" data-price="28231">
      <span>28,231元/平</span> == $0
```

图 12.3　包含房屋总价和单价的页面代码

包含房屋小区名和地段的 HTML 页面代码如图 12.4 所示，从图中可看到这两个数据所在的 HTML 结构。

```
1    class 是 flood 的 div->class 是'positionInfo'的 div->第一个 a 标签下的文字
2    class 是 flood 的 div->class 是'positionInfo'的 div->第二个 a 标签下的文字
```

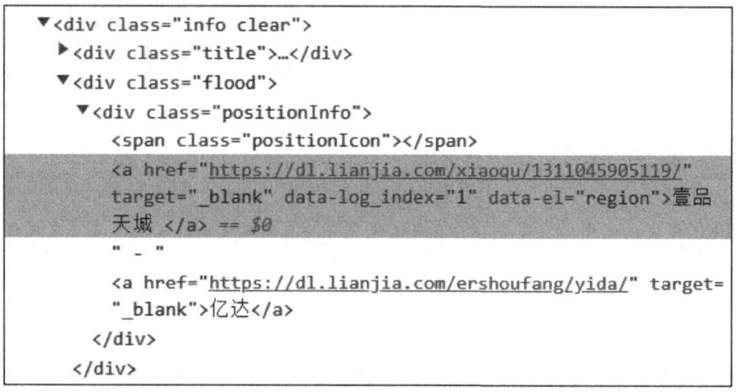

```
▼<div class="info clear">
  ▶<div class="title">…</div>
  ▼<div class="flood">
    ▼<div class="positionInfo">
      <span class="positionIcon"></span>
      <a href="https://dl.lianjia.com/xiaoqu/1311045905119/"
      target="_blank" data-log_index="1" data-el="region">壹品
      天城 </a> == $0
      " - "
      <a href="https://dl.lianjia.com/ershoufang/yida/" target=
      "_blank">亿达</a>
    </div>
  </div>
```

图 12.4　包含小区名和地段的页面代码

包含"户型""建筑面积""装修情况""房屋朝向""楼层情况"和"建造时间"等信息的 HTML 页面代码如图 12.5 所示，从图中可看到这些信息所在的 HTML 结构，它们都包含在<div class= 'address'>下<div class= 'houseInfo' 的 div 下的文本里，并且用竖线来分隔。

图 12.5   包含户型等信息的页面代码

包含"关注人数"的 HTML 页面代码如图 12.6 所示,从图中可看到该数据所在的 HTML 结构。

```
▼<div class="info clear">
  ▶<div class="title">…</div>
  ▶<div class="flood">…</div>
  ▶<div class="address">…</div>
  ▼<div class="followInfo"> == $0
      <span class="starIcon"></span>
      "11人关注 / 15天以前发布"
  </div>
```

图 12.6   包含关注人数信息的页面代码

由于要获取多页数据,因此需要查看第二页乃至之后页面的 URL 规则。通过分析,第二页和第三页的 URL 如下所示。

```
1   https://dl.lianjia.com/ershoufang/ganjingzi/pg2/
2   https://dl.lianjia.com/ershoufang/ganjingzi/pg3/
```

也就是说,这里是通过 URL 最后的 pg2 等字符串来区分访问哪一页的数据。

按上述步骤分析好待爬取二手房数据的页面规则后,就可以通过后文给出的步骤完善 Scrapy 项目的诸多爬虫模块,并在此基础上通过 Scrapy 项目爬取所需的二手房数据。

12.1.3   编写二手房数据的模型

在上文所建的 houseScrapy 项目的 items.py 文件里,可以通过如下代码定义待爬取的二手房信息的数据结构。

```
items.py
1   import scrapy
2   class HousescrapyItem(scrapy.Item):
3       houseTitle = scrapy.Field()        # 房屋名称
4       totalPrice = scrapy.Field()        # 房屋总价
5       unitPrice = scrapy.Field()         # 每平方米的单价
6       community = scrapy.Field()         # 小区名
7       houseAddress = scrapy.Field()      # 地段
8       houseType = scrapy.Field()         # 户型
```

```
9        houseSize = scrapy.Field()      # 建筑面积
10       decoration = scrapy.Field()     # 装修情况
11       orientation = scrapy.Field()    # 朝向
12       level = scrapy.Field()          # 楼层情况
13       buildTime = scrapy.Field()      # 建造时间
14       noticePersons = scrapy.Field()  # 关注人数
```

该文件的 HousescrapyItem 类的第 3 行到第 14 行代码，定义了诸多待爬取的字段信息，这些信息都是 scrapy.Field 类型，该数据结构将会在爬虫模块和 pipelines.py 模块中使用。

12.1.4　编写爬虫代码

进入到上文创建的 houseScrapy 项目的 spiders 目录中，运行如下代码创建名为 houseSpider 的爬虫：

```
scrapy genspider houseSpider https://dl.lianjia.com/ershoufang/
```

其中参数 houseSpider 是待创建的爬虫名，参数 https://dl.lianjia.com/ershoufang/则用来指定该爬虫爬取页面的范围。

运行上述命令后，可在该项目的 spiders 目录里看到名为 houseSpider.py 的爬虫文件，在其中可以通过如下代码来定义爬取电影评论的操作。

houseSpider.py
```
1    import scrapy
2    from houseScrapy.items import HousescrapyItem
3    class HousespiderSpider(scrapy.Spider):
4        name = 'houseSpider'
5        allowed_domains = ['https://dl.lianjia.com/ershoufang/']
6        start_urls = ['https://dl.lianjia.com/ershoufang/ganjingzi/pg{}/'.
         format(i) for i in range(1, 11)]
```

在本爬虫文件的第 4 行代码里，定义了爬虫的名字为 houseSpider，随后通过第 6 行代码定义了本爬虫开始爬取数据的起始页面。

在如下第 7 行到第 37 行的 parse 方法里，定义了爬取二手房诸多信息的具体代码。

```
7        def parse(self, response):
8            houses = response.xpath("//ul[@class='sellListContent']/li/div
             [@class='info clear']")
9            for house in houses:
10               item = HousescrapyItem()
11               # 提取并设置各属性
12               item['houseTitle'] = house.xpath("div[@class='title']/a/
                 text()").extract_first()
13               item['totalPrice'] = house.xpath("div[@class='priceInfo']
                 /div[@class='totalPrice totalPrice2']/span/text()").
                 extract_first()
```

```
14              item['unitPrice'] = house.xpath("div[@class='priceInfo']/
                div[@class='unitPrice']/span/text()").extract_first()
15              item['community'] = house.xpath("div[@class='flood']/
                div[@class='positionInfo']/a/text()").extract_first()
16              item['houseAddress'] = house.xpath("div[@class='flood']
                /div[@class='positionInfo']/a/text()").extract()[1]
17              item['houseType'] = house.xpath("div[@class='address']/
                div[@class='houseInfo']/text()").extract_first().split(
18                  '|')[0]
19              item['houseSize'] = house.xpath(
20  "div[@class='address']/div[@class='houseInfo']/text()").extract_
    first().split(
21                    '|')[1]
22              item['orientation'] = house.xpath(
23  "div[@class='address']/div[@class='houseInfo']/text()").extract_
    first().split(
24                    '|')[2]
25              item['decoration'] = house.xpath(
26  "div[@class='address']/div[@class='houseInfo']/text()").extract_
    first().split(
27                    '|')[3]
28              item['level'] = house.xpath(
29  "div[@class='address']/div[@class='houseInfo']/text()").extract_
    first().split(
30                    '|')[4]
31              item['buildTime'] = house.xpath(
32  "div[@class='address']/div[@class='houseInfo']/text()").extract_
    first().split(
33                    '|')[5]
34              item['noticePersons'] = house.xpath(
35  "div[@class='followInfo']/text()").extract_first().split(
36                    '/')[0]
37              yield item
```

在上述的 parse 方法里，通过第 9 行到第 37 行的 for 循环爬取当前页面的二手房信息。具体是用 response.xpath 方法根据前文给出的爬取策略，分别从当前页面的 HTML 代码里得到房屋标题等信息，爬取到的信息直接存入 HousescrapyItem 类型的 item 对象，爬取当前二手房信息后，会通过第 37 行的 yield 方法把该 item 对象传递给 pipelines.py 模块，从而把该条二手房信息持久化到文件里。

在爬取好当前页面后，通过第 6 行的 for 循环继续爬取下一页中的二手房数据，直到完成爬取前 10 页中的二手房数据。

12.1.5　编写数据持久化代码

本 Scrapy 框架是通过 pipelines.py 模块把爬取到的二手房信息持久化到 JSON 文件里，该模块的代码如下所示：

```
1    import codecs
2    import json
3    import os
4    class HousescrapyPipeline(object):
5      def __init__(self):
6          name = 'house.json'
7          if (os.path.exists(name)):
8              os.remove(name)
9          self.file = codecs.open(name, 'w', encoding="utf-8")
10     def process_item(self, item, spider):
11         lines = json.dumps(dict(item), ensure_ascii=False) + "\n"
12         self.file.write(lines)
13         return item
14     def spider_closed(self, spider):
15         self.file.close()
```

其中第 5 行到第 9 行的 __init__ 方法将会在该爬虫项目被初始化时运行，通过该方法可在当前目录创建名为 house.json 的文件。

第 10 行到第 13 行的 process_item 方法会把从爬虫模块里传来的 item 对象写入 house.json 文件，从而实现数据持久化的效果。

第 14 行到第 15 行定义的 spider_close 方法会在爬虫程序运行停止前执行，该方法在执行时会关闭 JSON 文件，这样用于持久化的 JSON 文件可被有效地保存。

12.1.6　编写爬虫项目的配置信息

为了让爬虫程序能正常运行，还需要在该项目的 settings.py 文件里加入如下的配置代码，用来为 pipelines 持久化对象设置一个线程号。

```
1    ITEM_PIPELINES = {
2      'houseScrapy.pipelines.HousescrapyPipeline': 300,
3    }
```

12.1.7　运行爬虫并获取数据

通过上述步骤完善了该爬虫各模块的代码后，可打开命令行窗口，用 cd 命令进入到上文所创建的 houseScrapy 爬虫项目的 spider 目录，在该目录里可以通过如下命令启动爬虫获取二手房的信息。

```
scrapy crawl houseSpider
```

其中 houseSpider 是待启动的爬虫名，该命令执行完成后，会在 fileSpider.py 爬虫文件所在的目录里看到 house.json 文件，其中包含了爬取到的二手房信息，如图 12.7 所示。

{"houseTitle": "此房户型好品字格三室 配套齐全 采光充足 配套齐全", "totalPrice": "139.8", "unitPrice": "12,365元/平", "community":
{"houseTitle": "1楼带大院 地势很高一楼南向院和西侧院南北通户户型", "totalPrice": "183", "unitPrice": "17,312元/平", "community":
{"houseTitle": "万科精装修 南北通透三室两厅光线好 可通地下车库", "totalPrice": "139.5", "unitPrice": "16,094元/平", "community":
{"houseTitle": "钻石湾三期三室前排一线海景房无遮挡", "totalPrice": "319", "unitPrice": "26,564元/平", "community": "远洋钻石湾三期
{"houseTitle": "西山潮 天然氧吧 下跃产品 精装 拎包就住", "totalPrice": "259", "unitPrice": "26,443元/平", "community": "鹏德同心园
{"houseTitle": "中间位置和楼层，地热，南北通透，双阳台采光足视野好", "totalPrice": "226", "unitPrice": "17,879元/平", "community"

图 12.7　包含二手房信息的 JSON 文件

12.2　数据预处理与数据分析

在对二手房数据进行分析前，需要根据数据的特性先做数据清洗，在此基础上再通过各种分析手段，绘制出各种可视化图形报表。

12.2.1　根据数据特性清洗数据

通过分析上文得到的包含二手房数据的 JSON 文件，可以发现该文件中的数据可以做如下的改进。

（1）描述每平方米房价数据的格式是 "12 365 元/平方米"，需要去掉此类数据中的 "元/平方米" 的数据，还可以把 "12 365" 转化成 "12"，单位是 "千"。

（2）描述建筑面积数据的格式是 "113.07 平方米"，这里需要截取其中的数字部分，比如 113.07。

（3）描述关注人数的数据格式是 "4 人关注"，也只需要截取其中的数字部分，比如 4。

如下的 repairData.py 范例程序中将根据上述需求清洗数据。

```
repairData.py
1    import pandas as pd
2    import re
3    # 由于包含中文，因此要用 utf-8 的格式读入
4    houseDf = pd.read_json("./house.json",lines=True,encoding='utf-8')
5    houseDf['unitPrice'] = houseDf['unitPrice'].map(lambda price: re.
     findall(r"\d+\.?\d*",price)[0] )
6    houseDf['houseSize'] = houseDf['houseSize'].map(lambda area: re.findall
     (r"\d+\.?\d*",area)[0] )
7    houseDf['noticePersons'] = houseDf['noticePersons'].map(lambda noticeNum:
     re.findall(r"\d+\.?\d*",noticeNum)[0] )
```

```
8    #存储为另一个 JSON 文件
9    houseDf.to_json("./house_newData.json", orient="records", lines=True,
     force_ascii=False )
```

本范例程序的第 4 行代码用 read_json 方法把 house.json 文件的数据读到 houseDf 对象，由于 JSON 文件包含了中文，因此需要加入 encoding='utf-8'参数，否则读到的中文会变成乱码。

第 5 行到第 7 行代码通过 map 整合 Lambda 表达式的方式，用正则表达式截取变量中的数据。而对于描述每平方米房价数据的 unitPrice 数据，由于其格式如"12 365 元/平方米"，因此会截取逗号之前的数据，比如 12。

完成转化数据后，通过第 9 行的 to_json 方法把清洗后的数据保存到 house_newData.json 文件，由于要正确地保存中文，因此在该方法里要加入 force_ascii=False 参数。

运行本范例程序后，能看到新生成的 house_newData.json 文件，该文件中描述每平方米房价的 unitPrice 数据、描述房屋大小的 houseSize 数据和描述评价人数的 noticePersons 数据，均只包含数据，可确认已成功地完成了数据预处理工作。

12.2.2　通过饼图展示二手房数据

在完成数据预处理后，可以通过如下的 PieForHouse.py 范例程序，用饼图的形式分析二手房的装修情况、房屋朝向、房屋楼层和房屋建造时间等信息。

```
PieForHouse.py
1    import pandas as pd
2    import matplotlib.pyplot as plt
3    # 载入数据
4    houseDf = pd.read_json("./house_newData.json",lines=True)
5    # 开始绘图
6    fig=plt.figure()
7    fig.subplots_adjust(wspace=0.4) # 合理调整子图间距
8    # 显示中文
9    plt.rcParams['font.sans-serif']=['SimHei']
10   # 绘制装修情况的饼图
11   axDecoration=fig.add_subplot(2,2,1)
12   axDecoration.set_title("装修情况分析")
13   countSeries = houseDf['decoration'].value_counts()
14   dict = {'decoration':countSeries.index,'count':countSeries.values}
15   countDF = pd.DataFrame(dict)
16   labels=countDF['decoration'].head(4)
17   values=countDF['count'].head(4)
18   axDecoration.pie(values,labels=labels,autopct='%1.2f%%')
```

本范例程序的第 4 行代码通过 read_json 方法读取清洗后的二手房数据。

随后在第 13 行到第 15 行代码用 countDF 对象存储二手房装修情况的数据，并用第 16 行和第 17 行代码通过 countDF 对象生成饼图的 labels 和 values 对象，其中 labels 对象用来存储装修情况，而 values 对象用来存储该种装修情况的二手房的数量。完成这些准备工作以后，再通过第 18 行代码调用 pie 方法绘制关于二手房装修情况的饼图。

```python
19    # 绘制房屋朝向的饼图
20    axOrientation=fig.add_subplot(2,2,2)
21    axOrientation.set_title("房屋朝向分析")
22    countSeries = houseDf['orientation'].value_counts()
23    dict = {'orientation':countSeries.index,'count':countSeries.values}
24    countDF = pd.DataFrame(dict)
25    labels=countDF['orientation'].head(5)
26    values=countDF['count'].head(5)
27    axOrientation.pie(values,labels=labels,autopct='%1.2f%%')
28     #绘制房屋楼层的饼图
29    axLevel=fig.add_subplot(2,2,3)
30    axLevel.set_title("房屋楼层分析")
31    countSeries = houseDf['level'].value_counts()
32    dict = {'level':countSeries.index,'count':countSeries.values}
33    countDF = pd.DataFrame(dict)
34    labels=countDF['level'].head(8)
35    values=countDF['count'].head(8)
36    axLevel.pie(values,labels=labels,autopct='%1.2f%%')
37    # 绘制房屋建造年份的饼图
38    axYear=fig.add_subplot(2,2,4)
39    axYear.set_title("房屋建造年份分析")
40    countSeries = houseDf['buildTime'].value_counts()
41    dict = {'buildTime':countSeries.index,'count':countSeries.values}
42    countDF = pd.DataFrame(dict)
43    labels=countDF['buildTime'].head(6)
44    values=countDF['count'].head(6)
45    axYear.pie(values,labels=labels,autopct='%1.2f%%')
46    plt.show()
```

上述第 19 行到第 27 行代码绘制了关于房屋朝向数据的饼图，具体是用第 22 行到第 24 行代码生成包含数据的 countDF 对象，并用第 25 行到第 27 行代码计算饼图的 labels 和 values 对象，以及调用 pie 方法绘制饼图。

在之后的第 29 行到第 36 行代码里，用类似的方法绘制了关于二手房楼层的饼图，用第 38 行到第 45 行代码绘制了关于建造年份的饼图。

运行本范例程序后的结果如图 12.8 所示，从四个饼图里可以看到关于二手房的装修情况、房屋朝向、楼层和建造年份的分布情况。

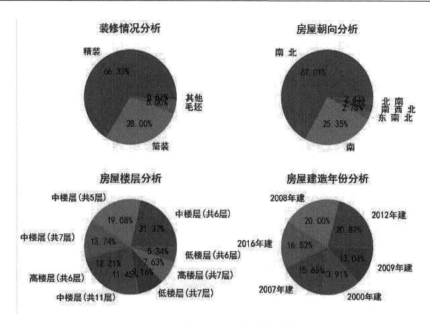

图 12.8　描述二手房数据的饼图

12.2.3　通过柱状图展示二手房数据

除了对二手房的装修情况、朝向、楼层和建造年份等数据用饼图的形式展示数据外，还可以通过如下的 BarForHouse.py 范例程序，用柱状图的形式展示数据。

```
BarForHouse.py
1   import pandas as pd
2   import matplotlib.pyplot as plt
3   import numpy as np
4   # 载入数据
5   houseDf = pd.read_json("./house_newData.json",lines=True)
6   # 开始绘图
7   fig=plt.figure()
8   fig.subplots_adjust(wspace=0.4)  # 合理调整子图间距
9   # 显示中文
10  plt.rcParams['font.sans-serif']=['SimHei']
11  # 绘制装修情况的柱状图
12  axDecoration=fig.add_subplot(2,2,1)
13  axDecoration.set_title("装修情况柱状图")
14  countSeries = houseDf['decoration'].value_counts()
15  dict = {'decoration':countSeries.index,'count':countSeries.values}
16  countDF = pd.DataFrame(dict)
17  labels=countDF['decoration'].head(4)
18  values=countDF['count'].head(4)
19  axDecoration.bar(range(len(labels)),values)
20  axDecoration.set_xticks(np.arange(0,len(labels),1))
```

```
21    axDecoration.set_xticklabels(labels, rotation=25)
22    # 绘制房屋朝向的柱状图
23    axOrientation=fig.add_subplot(2,2,2)
24    axOrientation.set_title("房屋朝向情况柱状图")
25    countSeries = houseDf['orientation'].value_counts()
26    dict = {'orientation':countSeries.index,'count':countSeries.values}
27    countDF = pd.DataFrame(dict)
28    labels=countDF['orientation'].head(7)
29    values=countDF['count'].head(7)
30    axOrientation.bar(range(len(labels)),values)
31    axOrientation.set_xticks(np.arange(0,len(labels),1))
32    axOrientation.set_xticklabels(labels, rotation=30)
33    # 绘制房屋楼层的柱状图
34    axLevel=fig.add_subplot(2,2,3)
35    axLevel.set_title("房屋楼层情况柱状图")
36    countSeries = houseDf['level'].value_counts()
37    dict = {'level':countSeries.index,'count':countSeries.values}
38    countDF = pd.DataFrame(dict)
39    labels=countDF['level'].head(10)
40    values=countDF['count'].head(10)
41    axLevel.bar(range(len(labels)),values)
42    axLevel.set_xticks(np.arange(0,len(labels),1))
43    axLevel.set_xticklabels(labels, rotation=45)
44    # 绘制房屋建造年份的柱状图
45    axYear=fig.add_subplot(2,2,4)
46    axYear.set_title("房屋建造年份情况柱状图")
47    countSeries = houseDf['buildTime'].value_counts()
48    dict = {'buildTime':countSeries.index,'count':countSeries.values}
49    countDF = pd.DataFrame(dict)
50    labels=countDF['buildTime'].head(12)
51    values=countDF['count'].head(12)
52    axYear.bar(range(len(labels)),values)
53    axYear.set_xticks(np.arange(0,len(labels),1))
54    axYear.set_xticklabels(labels, rotation=45)
55    plt.show()
```

在本范例程序中，绘制柱状图前的数据分析和之前绘制饼图的 PieForHouse.py 范例中的代码很相似。本范例程序通过第 14 行到第 16 行代码用 countDF 对象收集装修情况的数据，第 25 到第 27 行的代码用 countDF 对象收集房屋朝向的数据，第 36 行到第 38 行的代码用 countDF 对象收集了房屋楼层的数据，第 47 行到第 49 行的代码用 countDF 对象收集了关于建造年份的数据。

在此基础上，本范例程序在第 19 行、第 30 行、第 41 行和第 52 行的代码，通过 bar 方法绘制了展示上述 4 种数据的柱状图，本范例程序运行后的结果如图 12.9 所示。

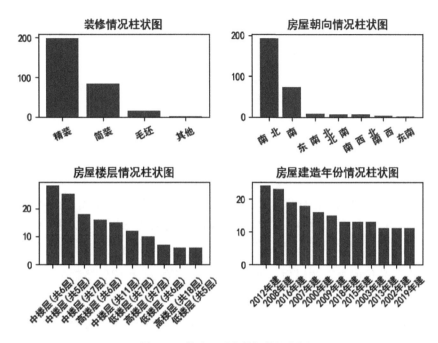

图 12.9　描述二手房数据的柱状图

12.2.4　通过直方图展示二手房房价

为了直观地展示所收集到的二手房房价和每平方米的均价，在如下的 HistForHouse.py 范例程序中，将用直方图的形式展示总价和均价这两个数据的分布情况。

```
HistForHouse.py
1    import pandas as pd
2    import matplotlib.pyplot as plt
3    import numpy as np
4    # 载入数据
5    houseDf = pd.read_json("./house_newData.json",lines=True)
6    fig=plt.figure()
7    fig.subplots_adjust(wspace=0.4)  # 合理调整子图间距
8    plt.rcParams['font.sans-serif']=['SimHei']  # 显示中文
9    axPrice=fig.add_subplot(1,2,1)
10   axPrice.set_title("二手房总价的分布情况")
11   bins=np.arange(0,550,50)
12   axPrice.hist(houseDf['totalPrice'],bins)
13   axPrice.set_xlabel('总价（单位：万元）')
14   axPrice.set_ylabel('数量')
15   xticks=np.arange(0,550,50)
16   axPrice.set_xticks(xticks)
17   for tick in axPrice.get_xticklabels():
18       tick.set_rotation(45)
19   axUnitPrice=fig.add_subplot(1,2,2)
20   axUnitPrice.set_title("二手房均价的分布情况")
```

```
21    # 把字符串类型转换为 float
22    houseDf[['unitPrice']] = houseDf[['unitPrice']].astype(float)
23    bins=np.arange(5,45,5)
24    axUnitPrice.hist( houseDf['unitPrice'],bins)
25    axUnitPrice.set_xlabel('均价（单位：千元）')
26    axUnitPrice.set_ylabel('数量')
27    xticks=np.arange(5,45,5)
28    axUnitPrice.set_xticks(xticks)
29    for tick in axUnitPrice.get_xticklabels():
30        tick.set_rotation(45)
31    plt.show()
```

本范例程序首先通过第 5 行代码用 houseDf 对象接收了包含在 JSON 文件中经过清洗后的二手房数据，然后用第 11 行和第 12 行的代码绘制了描述总价数据的直方图，该直方图的横轴表示总价的分布范围，而竖轴则表示在该范围内总价的数量。

完成绘制关于总价的直方图以后，通过第 22 行到第 24 行代码绘制了描述均价数据的直方图，该图的横轴表示均价的分布范围，竖轴则表示该范围内均价的数量。

本范例程序运行后的结果如图 12.10 所示，从中可以看到，在爬取到的二手房数据里，总价在 100 万元到 150 万元的房产居多，而均价分布在 15 000 元到 20 000 元的房产居多。

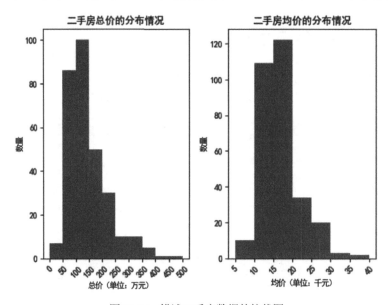

图 12.10   描述二手房数据的柱状图

12.2.5   通过小提琴图展示二手房数据

为了更直观地展示房屋总价、均价和房屋面积等信息，如下的 violinplotForHouse.py 范例程序将用小提琴图的样式展示这三类数据。

```
violinplotForHouse.py
1    import pandas as pd
```

```
2    import matplotlib.pyplot as plt
3    houseDf = pd.read_json("./house_newData.json",lines=True)
4    fig = plt.figure()
5    fig.subplots_adjust(wspace=0.3)  # 调整子图间距
6    plt.rcParams['font.sans-serif']=['SimHei']
7    axTotolPrice = fig.add_subplot(131)
8    axTotolPrice.violinplot(houseDf['totalPrice'],showmeans=False,
     showmedians=True)
9    axTotolPrice.set_title('描述房屋总价的小提琴图')
10   axTotolPrice.set_ylabel('房屋总价（单位：万元）')
11   axTotolPrice.grid(True)      # 带网格线
12   axUnitPrice = fig.add_subplot(132)
13   axUnitPrice.violinplot(houseDf['unitPrice'],showmeans=False,
     showmedians=True)
14   axUnitPrice.set_title('描述房屋均价的小提琴图')
15   axUnitPrice.set_ylabel('房屋均价（单位：千元）')
16   axUnitPrice.grid(True)  # 带网格线
17   axSize = fig.add_subplot(133)
18   axSize.violinplot(houseDf['houseSize'],showmeans=False,showmedians
     =True)
19   axSize.set_title('描述面积的小提琴图')
20   axSize.set_ylabel('面积（单位：平方米）')
21   axSize.grid(True)      # 带网格线
22   plt.show()
```

本范例程序的第 8 行代码调用 violinplot 方法绘制了描述房价的小提琴图，随后分别通过第 13 行和第 18 行代码绘制了描述均价和面积的小提琴图，本范例程序的运行效果如图 12.11 所示。

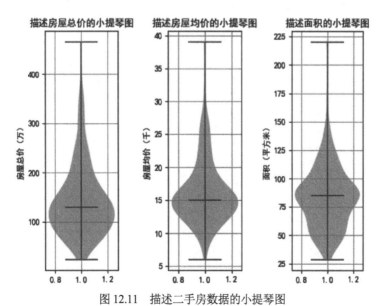

图 12.11　描述二手房数据的小提琴图

从图 12.11 中可以看到，本例爬取到的二手房数据，总价在 100 万元到 150 万元的房产居多，均价在 15 000 元到 20 000 元的房产居多，这个结论和从直方图里看到的结论类似，而在诸多房产中，面积在 75 平方米到 100 平方米的房产居多。

12.2.6　通过散点图展示关注情况

上一小节给出的爬虫还爬取了每个房产信息的关注人数，如下的 ScatterForNotice.py 范例程序将用散点图展示总价、均价和房屋面积同关注人数之间的关系。

ScatterForNotice.py

```
1   import pandas as pd
2   import matplotlib.pyplot as plt
3   import numpy as np
4   # 载入数据
5   houseDf = pd.read_json("./house_newData.json",lines=True)
6   fig=plt.figure()
7   fig.subplots_adjust(wspace=0.3)  # 合理调整子图间距
8   plt.rcParams['font.sans-serif']=['SimHei'] #显示中文
9   axPrice=fig.add_subplot(1,3,1)
10  axPrice.set_title("房价和关注人数的关系")
11  axPrice.scatter(houseDf['totalPrice'],houseDf['noticePersons'],
    alpha=0.7)
12  axPrice.set_xlabel('总价（单位：万元）')
13  axPrice.set_ylabel('关注人数')
14  xticks=np.arange(0,600,100)
15  axPrice.set_xticks(xticks)
16  for tick in axPrice.get_xticklabels():
17      tick.set_rotation(45)
18  axUnitPrice=fig.add_subplot(1,3,2)
19  axUnitPrice.set_title("均价和关注人数的关系")
20  houseDf[['unitPrice']] = houseDf[['unitPrice']].astype(float)
21  axUnitPrice.scatter(houseDf['unitPrice'],houseDf['noticePersons'],
    alpha=0.7)
22  axUnitPrice.set_xlabel('均价（单位：千元）')
23  axUnitPrice.set_ylabel('关注人数')
24  xticks=np.arange(2,45,5)
25  axUnitPrice.set_xticks(xticks)
26  for tick in axUnitPrice.get_xticklabels():
27      tick.set_rotation(45)
28  axSize=fig.add_subplot(1,3,3)
29  axSize.set_title("建筑面积和关注数的关系")
30  houseDf[['area']] = houseDf[['houseSize']].astype(float)
31  axSize.scatter(houseDf['houseSize'],houseDf['noticePersons'],alpha=0.6)
32  axSize.set_xlabel('建筑面积（单位：平方米）')
33  axSize.set_ylabel('关注人数')
34  xticks=np.arange(30,300,50)
35  axSize.set_xticks(xticks)
36  for tick in axSize.get_xticklabels():
```

```
37        tick.set_rotation(30)
38  plt.show()
```

在本范例程序的第 11 行代码用到了 scatter 方法,以散点图的形式绘制房屋总价和关注人数的对应关系,第 21 行代码绘制房屋均价和关注人数的关系,第 31 行代码绘制房屋面积和关注人数之间的关系。本范例程序运行后的结果如图 12.12 所示。

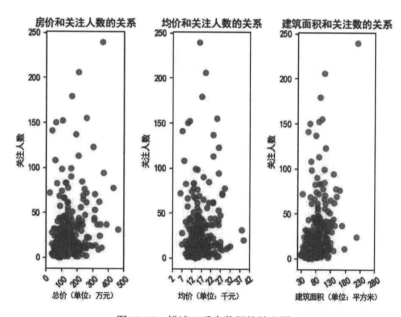

图 12.12　描述二手房数据的散点图

从图 12.12 中可以看到,总价在 400 万元左右的房产信息、均价在 15 000 元左右的房产信息和建筑面积在 230 平方米的房产信息关注人数比较多。

12.2.7　绘制二手房相关的词云

如下的 WordCloudForHouse.py 范例程序将展示房屋标题、地段和房型的词云,从中读者可以看到二手房信息中的关键要素。

```
WordCloudForHouse.py
1   import pandas as pd
2   import jieba
3   import  wordcloud
4   import matplotlib.pyplot as plt
5   houseDf = pd.read_json("./house_newData.json",lines=True)
6   titleWordList=[]
7   index=0
8   while index<=len(houseDf)-1: # 通过 len 方法获取 empDf 的长度 titleWordList.
    extend(jieba.lcut(houseDf.ix[index, 'houseTitle'], cut_all=False))
9       index=index+1
10  titleWordCloud = wordcloud.WordCloud(
```

```
11      background_color='white',
12      # 设置支持中文的字体
13      font_path='C:\\Windows\\Fonts\\simfang.ttf',
14      min_font_size=5,     # 最小字体的大小
15      max_font_size=50,    # 最大字体的大小
16      width=500,  # 图片宽度
17  ).generate('/'.join(titleWordList) )
18  fig=plt.figure()
19  fig.subplots_adjust(hspace=0.5) # 调整子图间距
20  plt.rcParams['font.sans-serif']=['SimHei'] #显示中文
21  axTitle=fig.add_subplot(3,1,1)
22  axTitle.set_title("关于房屋标题的词云")
23  axTitle.imshow(titleWordCloud)
24  addressWordCloud = wordcloud.WordCloud(
25      background_color='white',
26      # 设置支持中文的字体
27      font_path='C:\\Windows\\Fonts\\simfang.ttf',
28      min_font_size=5,     # 最小字体的大小
29      max_font_size=50,    # 最大字体的大小
30      width=500,  # 图片宽度
31  ).generate('/'.join(houseDf['houseAddress']) )
32  axAddress=fig.add_subplot(3,1,2)
33  axAddress.set_title("关于地段的词云")
34  axAddress.imshow(addressWordCloud)
35  typeWordCloud = wordcloud.WordCloud(
36      background_color='white',
37      font_path='C:\\Windows\\Fonts\\simfang.ttf',
38      min_font_size=5,     # 最小字体的大小
39      max_font_size=50,    # 最大字体的大小
40      width=500,  # 图片宽度
41  ).generate('/'.join(houseDf['houseType']) )
42  axType=fig.add_subplot(3,1,3)
43  axType.set_title("关于房型的词云")
44  axType.imshow(typeWordCloud)
45  # 去掉 x 轴和 y 轴的标签文字
46  axTitle.axis('off')
47  axAddress.axis('off')
48  axType.axis('off')
49  plt.show()
```

本范例程序第 8 行的 while 循环通过 jieba 库对每条房屋数据的标题进行分词，并把分词结果放入第 6 行代码定义的 titleWordList 对象，随后通过第 10 行到第 17 代码生成 titleWordCloud 词云对象，并通过第 23 行的 imshow 方法绘制基于房屋标题的词云。

由于无须对房屋地段和房型进行分词，因此在后续代码里直接通过第 24 行到第 31 行代码生成关于地段的词云，并通过 34 行的 imshow 方法绘制了地段词云；通过第 35 行到第 41

行代码生成关于房型的词云，并通过第 44 行的 imshow 方法绘制了该词云。

由于绘制词云时无须展示横轴和纵轴的坐标，因此在绘制词云前需要用第 46 行到第 48 行的代码去掉三个子图中的坐标轴。同时由于需要在词云里展示中文，因此在生成词云时需要通过第 13 行、第 27 行和第 37 行代码设置词云中的字体。

本范例程序运行后的词云结果如图 12.13 所示，从中可以看到房屋标题、房屋地段和房型中的关键信息。

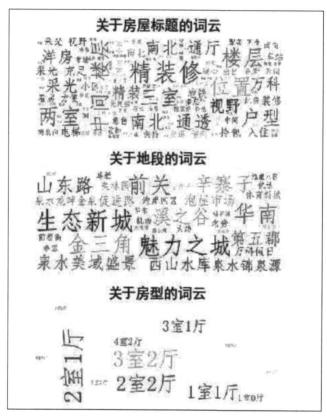

图 12.13　关于房屋标题、地段和房型的词云

12.3　动　手　练　习

1. 按 12.1 节给出的步骤，在自己的电脑上创建名为 houseScrapy 的爬虫项目。

2. 按 12.2 节给出的文字，在分析待爬取二手房信息 HTML 页面结构的基础上制定爬取策略，同时制定分页爬取的策略。

3. 在理解本章给出的 houseScrapy 爬虫项目的基础上，在自己的电脑上练习该项目，并用它来爬取并保存自己设定的一个网站的前 10 页的二手房信息。

4. 仿照 12.2.1 节给出的步骤，在分析所爬取到的数据的基础上制定数据清洗策略，并通过代码实现数据清洗操作。

5. 在运行 12.2.2 节到 12.2.7 节给出的数据分析案例的基础上，理解通过饼图、柱状图、直方图、小提琴图、散点图和词云等方式实现数据可视化的实践要点。

第 **13** 章

通过电子邮件发送数据分析结果

本章内容：

- 实现发送电子邮件的功能
- 以电子邮件的形式发送 RSI 指标图
- 以电子邮件的形式发送基于 RSI 指标的买卖点

在大多数数据分析的应用场景中，往往会在完成分析后通过 smtplib 和 email 这两个模块，用电子邮件的形式发送分析结果。

本章将用之前章节给出的股票数据，以绘制 RSI 指标作为案例，讲述数据分析相关技能的基础上，介绍用 Python 程序发送电子邮件的相关技巧。

13.1 实现发送电子邮件的功能

SMTP（Simple Mail Transfer Protocol）是简单邮件传输协议，在 Python 项目里，一般都是用这个协议来发送电子邮件。

Python 的 smtplib 库封装了 SMTP 协议的实现细节，通过调用这个库提供的方法，程序员可以在无须了解协议底层的基础上，就能方便地发送简单文本邮件、富文本格式的邮件以及带附件的邮件。

13.1.1　发送简单格式的电子邮件（无收件人信息）

本节选用网易 163 邮箱提供的 SMTP 服务器来发送电子邮件，如果读者要用其他邮箱，可以根据本节给出的代码稍加改动即可。

除了 smtplib 库以外，和发送电子邮件相关的库还有 email，通过 email 库可以设置电子邮件的标题和正文。需要说明的是，这两个库都是 Python 自带的，在安装 Python 解释器以后无须再额外安装。如下的 sendSimpleMail.py 范例程序演示了如何用 smtplib 和 email 库发送纯文本格式的电子邮件的方法。

```python
# !/usr/bin/env python
# coding=utf-8
import smtplib
from email.mime.text import MIMEText
# 发送电子邮件
def sendMail(username,pwd,from_addr,to_addr,msg):
    try:
        smtp = smtplib.SMTP()
        smtp.connect('smtp.163.com')
        smtp.login(username, pwd)
        smtp.sendmail(from_addr,to_addr, msg)
        smtp.quit()
    except Exception as e:
        print(str(e))
# 组织电子邮件
message = MIMEText('Python 邮件发送测试', 'plain', 'utf-8')
message['Subject'] = 'Hello,用 Python 发送电子邮件'
sendMail('hsm_computer','xxx','hsm_computer@163.com', 'hsm_computer@163.com',message.as_string())
```

本范例程序的第 3 行和第 4 行代码引入了发送电子邮件需要的两个库，第 6 行到第 14 行的 sendMail 方法中，首先通过第 8 行代码创建了 smtp 对象，并通过第 9 行和第 10 行的程序代码登录到网易 163 邮箱的 SMTP 服务器，随后用第 10 行代码调用了 login 方法，该方法需要传入登录所用的用户名和密码。这里，读者可以改写范例程序，填写自己邮箱的 SMTP 服务器以及登录名和密码即可。

登录完成后，通过调用第 11 行的 sendmail 方法发送电子邮件，其中前两个参数分别代表邮件的发送者和接收者，第三个参数是邮件对象。发送完成后，需要通过第 12 行代码断开和 SMTP 服务器的连接。由于在发送电子邮件时可能出现网络等问题，因此这里用 try…except 语句来接收并捕获异常。

第 18 行通过调用 sendmail 方法来发送电子邮件，其中前两个参数表示登录网易 163 邮箱所用到的用户名和密码，第 3 个和第 4 个参数表示发送者和接收者，范例程序中的这条程序语句其实是自己发自己收。

第 16 行和第 17 行代码定义了 sendmail 方法的第 5 个参数，即邮件对象。第 16 行代码创建了邮件对象 MIMEText，其中第一个参数表示邮件的正文内容，第二个参数表示是纯文本，第三个参数表示文本的编码方式，第 17 行代码则定义了邮件的标题。

运行这个范例程序后，即可在 163 邮箱里看到所发送的电子邮件，如图 13.1 所示，其中邮件标题和邮件正文就由上述代码所设置。

图 13.1　网易 163 邮箱接收到的纯文本邮件

本例使用网易 163 邮箱的 SMTP 服务器发送电子邮件，如果要用其他常用邮箱的 SMTP 服务器地址，请参考表 13.1。

表 13.1　常用邮箱的 SMTP 服务器一览表

邮　　箱	SMTP 服务器
新浪邮箱	smtp.sina.com
QQ 邮箱	smtp.qq.com
126 邮箱	smtp.126.com

13.1.2　发送 HTML 格式的电子邮件（显示收件人）

13.1.1 节演示了如何发送纯文本格式电子邮件，在下面的 sendMailWithHtml.py 范例程序中，将演示如何发送含 HTML 元素电子邮件。此外，上一小节范例程序的效果图 13.1 中，读者可以看到收件人其实是空的，本范例程序将解决这个问题。

```
sendMailWithHtml.py
1    #!/usr/bin/env python
2    #coding=utf-8
3    import smtplib
4    from email.mime.text import MIMEText
5    # 发送电子邮件
6    def sendMail(username,pwd,from_addr,to_addr,msg):
7      # 程序代码和 sendSimpleMail.py 范例程序中的程序代码一样
8    HTMLContent = '<html><head></head><body>'\
```

```
9    '<h1>Hello</h1>This is <a href="https://www.cnblogs.com/JavaArchitect/
     ">My Blog.</a>'\
10   '</body></html>'
11   message = MIMEText(HTMLContent, 'html', 'utf-8')
12   message['Subject'] = 'Hello,用 Python 发送电子邮件'
13   message['From'] = 'hsm_computer'           # 邮件上显示的发件人
14   message['To'] = 'hsm_computer@163.com' # 邮件上显示的收件人
15   sendMail('hsm_computer','xxx','hsm_computer@163.com','xxx', message.as_
     string())
```

这个范例程序中也用到 sendSimpleMail.py 范例程序中的 sendMail 方法,由于该方法的程序代码在这两个范例程序中完全一致,因此不再重复说明。

第 8 行到第 10 行其实是一条语句,由于比较长,因此用"\"符号表示分行编写,在 HTMLContent 变量中放置了基于 HTML 的邮件正文,其中包含了一个超链接文本元素。

由于邮件正文的格式是 HTML,因此第 11 行代码在定义 MIMEText 类型的 message 对象时,第二个参数不是 'plain'(纯文本格式)而是 'html'(HTML 格式)。

第 13 行代码通过 message['From']属性重写了发件人信息,第 14 行代码是通过 To 属性重写了收件人信息,请注意这两行仅仅用于显示,邮件的真正发件人和收件人还需要通过 sendMail 方法中调用的 smtp.sendmail(from_addr, to_addr, msg)方法,由其中的第 1 个和第 2 个参数来指定。

其他的程序代码没有变动,还是在第 12 行通过 Subject 定义邮件标题,通过第 15 行调用 sendMail 方法发送电子邮件,该方法的第 5 个参数依然是 message.as_string()。

运行这个范例程序之后,在网易 163 邮箱里就能收到如范例程序中代码所定义的邮件,如图 13.2 所示。单击邮件中的链接后,即可进入到目标页面。请注意,由于在程序中通过 message['From']和 message['To']设置了用于显示的发件人和收件人信息,因此与图 13.1 相比,图 13.2 中的发件人和收件人两栏的值有所改变。

图 13.2　网易 163 邮箱接收到的 HTML 格式的电子邮件

13.1.3　包含文本附件的电子邮件（多个收件人）

在数据分析的应用场景中，一般会通过附件来发送分析结果，如下的 sendMailWithCsvAttachment.py 范例程序演示了在邮件中包含文本附件的做法，同时该范例程序还演示了如何把电子邮件同时发送给多个收件人。

```python
#!/usr/bin/env python
#coding=utf-8
import smtplib
from email.mime.text import MIMEText
from email.mime.multipart import MIMEMultipart
# 发送电子邮件
def sendMail(username,pwd,from_addr,to_addr,msg):
    # 程序代码和 sendSimpleMail.py 范例程序中的一样
HTMLContent = '<html><head></head><body>'\
 '<h1>Hello</h1>This is <a href="https://www.cnblogs.com/JavaArchitect/">My Blog.</a>'\
 '</body></html>'
message = MIMEMultipart()
body = MIMEText(HTMLContent, 'html', 'utf-8')
message.attach(body)
message['Subject'] = 'Hello,用 Python 发送电子邮件'
message['From'] = 'hsm_computer@163.com'               # 邮件上显示的收件人
message['To'] ='hsm_computer@163.com,153086207@qq.com'# 邮件上显示的发件人
file = MIMEText(open('./6008952022-01-012022-08-30.csv', 'rb').read(), 'plain', 'utf-8')
file['Content-Type'] = 'application/text'
file['Content-Disposition'] = 'attachment;filename="stockInfo.csv"'
message.attach(file)
sendMail('hsm_computer','xxx','hsm_computer@163.com', ['hsm_computer@163.com', '153086207@qq.com'],message.as_string())
```

由于要发送附件，因此需要导入第 5 行的库，第 7 行 sendMail 方法的程序代码和之前范例程序中 sendMail 方法的程序代码完全一致，故而不再说明。

第 12 行为了发送附件，所以设置的电子邮件正文对象是 MIMEMultipart 类型，而不是 MIMEText 类型。第 13 行的邮件正文内容和之前 HTML 格式邮件的正文内容完全一致，但这里需要调用第 14 行的 attach 方法放入邮件 message 对象。

第 15 行和第 16 行代码分别设置用于显示邮件发件人和收件人信息，请注意，虽然第 16 行代码通过 message['To']属性设置了两个收件人，但如果不修改第 22 行代码，即 sendMail 方法的第 4 个表示收件人的参数依然只有一个邮箱地址的话，该邮件还是只会发到一个地址。

由于是文本格式的附件，因此在第 18 行代码中用 MIMEText 格式的对象接收指定路径下的 CSV 文件。在第 19 行代码中通过 Content-Disposition 属性指定附件的文件名，在第 20 行

代码中通过 attach 方法把附件放入 message 对象。

请注意，第 22 行 sendMail 方法的第 4 个参数，该参数对应于如下 smtp.sendmail 方法语法的第 2 个参数，表示收件人，该参数已经被修改成 ['hsm_computer@163.com', '153086207@qq.com']，表示本邮件将向两个邮箱发送，邮箱之间用逗号分隔。

```
smtp.sendmail(from_addr,to_addr, msg)
```

运行这个范例程序之后，在网易 163 邮箱里可以看到如图 13.3 所示的带附件的邮件，同时请注意收件人栏中显示了两个邮箱地址，而且另一个 QQ 邮箱也能收到同样的带附件的邮件。

图 13.3　网易 163 邮箱接收到的带文本附件的邮件

再次说明一下，这里是通过 smtp.sendmail(from_addr, to_addr, msg)方法中的 to_addr 参数把电子邮件发送到两个邮箱，而 message['To']属性中的两个邮箱仅仅是用来显示的。

13.1.4　在正文中嵌入图片

如果用类似 13.1.3 节中范例程序的方法，则还可以引入图片格式的附件，在下面的 sendMailWithPicAttachment.py 范例程序中，将再进一步演示除了携带图片附件外，还将在邮件正文中以 HTML 的方式显示图片。

```
sendMailWithPicAttachment.py
1   #!/usr/bin/env python
2   #coding=utf-8
3   import smtplib
4   from email.mime.text import MIMEText
5   from email.mime.image import MIMEImage
6   from email.mime.multipart import MIMEMultipart
7   # 发送电子邮件
8   def sendMail(username,pwd,from_addr,to_addr,msg):
```

```
9      try:
10         smtp = smtplib.SMTP()
11         smtp.connect('smtp.163.com')
12         smtp.login(username, pwd)
13         smtp.sendmail(from_addr,to_addr, msg)
14         smtp.quit()
15     except Exception as e:
16         print(str(e))
17 HTMLContent = '<html><head></head><body>'\ '<h1>Hello</h1>This is <a
   href="https://www.cnblogs.com/JavaArchitect/">My Blog.</a>'\ '<img
   src="cid:picAttachment"/>'\                        '</body></html>'
18 message = MIMEMultipart()
19 body = MIMEText(HTMLContent, 'html', 'utf-8')
20 message.attach(body)
21 message['Subject'] = 'Hello,用 Python 发送电子邮件'
22 message['From'] = 'hsm_computer@163.com'              # 邮件上显示的发件人
23 message['To'] ='hsm_computer@163.com,153086207@qq.com'# 故意显示两个收件人
24 imageFile = MIMEImage(open('D:\\stockData\\ch10\\picAttachement.jpg',
   'rb').read())
25 imageFile.add_header('Content-ID', 'picAttachment')
26 imageFile['Content-Disposition'] = 'attachment;filename="picAttachement.
   jpg"'
27 message.attach(imageFile)
28 sendMail('hsm_computer','xxx','hsm_computer@163.com', 'hsm_computer@163.
   com',message.as_string())
```

第 23 行中虽然通过 message['To']属性设置了两个收件人，但在第 28 行的 sendMail 方法的第 4 个参数里，还是只放置了一个收件人，也就是说，在第 13 行 sendmail 方法的 to_addr 参数中也只包含了一个收件人，在运行范例程序之后，会发现只有 hsm_computer@163.com 邮箱收到了邮件，而 QQ 邮箱并没有收到，由此可知，message['To']属性仅仅是用来显示。

这里的做法其实是先把图片当成邮件的附件，随后在正文 HTML 中通过 img 标签来显示图片。

具体而言，在第 17 行的 HTMLContent 变量中增加了一段话：'<img src="cid:picAttachment"/>'，用 img 标签来显示图片，其中 cid 是固定写法，而 cid 冒号后面的 picAttachment 需要和第 25 行中设置的 Content-ID 属性值完全一致，否则图片将无法正确显示。

由于上传的是图片附件，因此第 24 行代码用 MIMEImage 对象来容纳本地图片，如前文所述，在第 25 行代码通过 add_header 方法设置图片附件的 Content-ID 属性值。

运行这个范例程序之后，即可看到如图 13.4 所示的结果，其中收件人一栏中有两个邮箱地址（实际上只向网易 163 邮箱发送了），而且图片显示在正文中。

图 13.4　网易 163 邮箱接收到的正文中包含图片的邮件

13.2　以电子邮件的形式发送 RSI 指标图

RSI 指标也叫相对强弱指标（Relative Strength Index，简称 RSI），是由威尔斯·魏尔德（Welles Wilder）于 1978 年首创，发表在他所写的《技术交易系统新思路》一书中。

该指标最早应用于期货交易中，后来发现它也能指导股票投资，于是就被应用到了股市中。本节先讲述 RSI 指标的算法，再用电子邮件的形式发送调用 Matplotlib 库绘制出来的 RSI 指标图。

13.2.1　RSI 指标的原理和算法描述

RSI 指标是通过比较某个时段内股价的涨跌幅度来判断多空双方的强弱程度，以此来预测未来的走势。从数值上看，它体现出某个股的买卖力量，所以投资者可据此预测股票未来价格的走势，在实际应用中，通常与移动平均线配合使用，以提高分析的准确性。

RSI 指标的计算公式如下所示。

RS（相对强度）＝N 日内收盘价涨数和的均值 ÷N 日内收盘价跌数和的均值

RSI（相对强弱指标）=100−100÷(1＋RS)

请注意，这里"均值"的计算方法可以是简单移动平均（SMA），也可以是加权移动平均（WMA）和指数移动平均（EMA），本书采用的是比较简单的简单移动平均算法，有些股票软件采用的是后两种平均算法。采用不同的平均算法会导致 RSI 的值不同，但趋势不会改变，对交易的指导意义也不会变。

以 6 日 RSI 指标为例，从当日算起向前推算 6 个交易日，获取到包括本日在内的 7 个收盘价，用每一日的收盘价减去上一交易日的收盘价，以此方式得到 6 个数值，这些数值中有正有负。随后再按如下 4 个步骤计算 RSI 指标。

步骤01 up = 6 个数字中正数之和的平均值。

步骤02 down = 先取 6 个数字中负数之和的绝对值，再对绝对值取平均值。

步骤03 RS = up 除以 down，RS 表示相对强度。

步骤04 RSI（相对强弱指标）= 100–100÷(1+RS)。

如果再对第 4 步得出的结果进行数学变换，可进一步约去 RS 因素，得到如下的结论：

$$RSI = 100 \times up \div (up+down)$$

也就是说，RSI 等于"100 乘以 up"除以"up 与 down 之和"。

从本质上来看，RSI 反映了股票在某阶段内（比如 6 个交易日内）由价格上涨引发的波动占总波动的百分比率，百分比越大，说明在这个时间段内股票越强势，反之如果百分比越小，则说明在这个时间段内股票越弱势。

从上述公式可知，RSI 的值介于 0~100，目前比较常见的基准周期为 6 日、12 日和 24 日，把每个交易日的 RSI 值在坐标图上的点连成曲线，即能绘制成 RSI 指标线，也就是说，目前沪深股市中 RSI 指标线是由三根曲线构成的。

13.2.2　通过范例程序观察 RSI 的算法

下面以 600895（张江高科）股票为例，计算它从 2022 年 1 月 4 日开始的 6 日 RSI 指标，在表 13.2 中，列出了针对每个交易日收盘价的上涨和下跌情况。

表 13.2　计算 RSI 的中间过程表

序　　号	日　　期	当日收盘价	当日上涨值	当日下跌值
0	2022-1-4	15.18	0	0
1	2022-1-5	15.30	0.12	0
2	2022-1-6	15.22	0	0.08
3	2022-1-7	15.34	0.12	0
4	2022-1-10	15.26	0	0.08
5	2022-1-11	15.27	0.01	0
6	2022-1-12	15.18	0	0.09
7	2022-1-13	15.1	0	0.08

6 日 RSI 指标应该从 1 月 12 日开始算起，从该日向前推 6 个交易日，得到包括 2022 年 1 月 12 日在内的 7 个收盘价，在此基础上计算。

步骤 01 从表 13.2 中可以看到，从 1 月 12 日算起（含本日），前 6 日收盘价上涨数值之和为 0.25，取平均值后是 0.25 除以 6，结果为 0.042。

步骤 02 从 1 月 12 日算起，前 6 日收盘价下跌数值之和也为 0.025，取平均值后为 0.042。

步骤 03 RS = up 除以 down，结果为 1。

步骤 04 RSI=100-100 ÷ (1+RS)，结果为 50。

也就是说，1 月 12 日的 6 日 RSI 指标值是 50，而 1 月 13 日的 RSI 指标的算法如下。

步骤 01 从当日（1 月 13 日）算起，前 6 日收盘价上涨数值之和是 0.25，取平均值为 0.042。

步骤 02 从当日算起，前 6 日收盘价下跌数值之和为 0.33，取平均值为 0.055。

步骤 03 RS=0.042 除以 0.055，保留两位小数为 0.76。

步骤 04 RSI=100-100 ÷ (1+RS)，结果为 43.18。

13.2.3 把 Matplotlib 绘制的 RSI 图存储为图片

在下面的 DrawRSI.py 范例程序中，将根据上述算法绘制 600895（张江高科）股票从 2022 年 1 月到 2022 年 8 月间的 6 日、12 日和 24 日的 RSI 指标。

本范例程序使用的数据来自 CSV 文件，在本范例程序中还会把由 Matplotlib 生成的图形存储为 png 图片文件格式，以方便之后用电子邮件的形式发送。

```
DrawRSI.py
1    # !/usr/bin/env python
2    # coding=utf-8
3    import pandas as pd
4    import matplotlib.pyplot as plt
5    # 计算 RSI 的方法，输入参数 periodList 传入周期列表
6    def calRSI(df,periodList):
7        # 计算和上一个交易日收盘价的差值
8        df['diff'] = df["close"]-df["close"].shift(1)
9        df['diff'].fillna(0, inplace = True)
10       df['up'] = df['diff']
11       # 过滤掉小于 0 的值
12       df['up'][df['up']<0] = 0
13       df['down'] = df['diff']
14       # 过滤掉大于 0 的值
15       df['down'][df['down']>0] = 0
16       # 通过 for 循环，依次计算 periodList 中不同周期的 RSI 等值
17       for period in periodList:
```

```
18      df['upAvg'+str(period)] = df['up'].rolling(period).sum()/period
19      df['upAvg'+str(period)].fillna(0, inplace = True)
20      df['downAvg'+str(period)] = abs(df['down'].rolling(period).
        sum()/period)
21      df['downAvg'+str(period)].fillna(0, inplace = True)
22      df['RSI'+str(period)] = 100 - 100/((df['upAvg'+str(period)] / df
        ['downAvg'+str(period)]+1))
23    return df
```

第 6 行定义了用于计算 RSI 值的 calRSI 方法，该方法第一个参数是包含日期收盘价等信息的 DataFrame 类型的 df 对象，第二个参数是周期列表。

第 8 行把本交易日和上一个交易日收盘价的差价存入了 'diff' 列表，这里是用 shift(1) 来获取 df 中上一行（即上一个交易日）的收盘价。由于第一行的 diff 值是 NaN，因此需要用第 9 行的 fillna 方法把 NaN 值更新为 0。

第 10 行在 df 对象中创建了 up 列，该列的值暂时和 diff 值相同，有正有负，但马上就通过第 12 行的 df['up'][df['up']<0] = 0 把 up 列中的负值设置成 0，这样一来，up 列中就只包含了"N 日内收盘价的涨数"。第 13 行和第 15 行用同样的方法在 df 对象中创建了 down 列，并在其中存入了"N 日内收盘价的跌数"。

随后通过第 17 行的 for 循环遍历存储在 periodList 中的周期对象（其实是下面程序第 26 行的代码），可以看到计算 RSI 的周期分别是 6 日、12 日和 24 日。

针对每个周期，先是在第 18 行算出这个周期内收盘价涨数和的均值，并把这个均值存入 df 对象中的 'upAvg'+str(period) 列，比如当前周期是 6，那么该涨数的均值存入 df['upAvg6'] 列。在第 20 行中算出该周期内的收盘价跌数的均值，并存入 'downAvg'+str(period) 列。最后在第 22 行算出本周期内的 RSI 值，并放入 df 对象中的 'RSI'+str(period)。

```
24    filename='./6008952022-01-012022-08-30.csv'
25    df = pd.read_csv(filename,encoding='gbk')
26    list = [6,12,24]          # 周期列表
27    # 调用方法计算 RSI
28    stockDataFrame = calRSI(df,list)
29    #print(stockDataFrame)
30    # 开始绘图
31    plt.figure()
32    stockDataFrame['RSI6'].plot(color="blue",label='RSI6')
33    stockDataFrame['RSI12'].plot(color="green",label='RSI12')
34    stockDataFrame['RSI24'].plot(color="purple",label='RSI24')
35    plt.legend(loc='best')  # 绘制图例
36    # 设置 x 轴坐标的标签和旋转角度
37    major_index=stockDataFrame.index[stockDataFrame.index%10==0]
38    major_xtics=stockDataFrame['date'][stockDataFrame.index%10==0]
39    plt.xticks(major_index,major_xtics)
40    plt.setp(plt.gca().get_xticklabels(), rotation=30)
41    # 带网格线，且设置了网格样式
```

```
42   plt.grid(linestyle='-.')
43   plt.title("RSI 效果图")
44   plt.rcParams['font.sans-serif']=['SimHei']
45   plt.savefig('./stockImg.png')
46   plt.show()
```

第 25 行从指定 CSV 文件中获取包含日期收盘价等信息的数据，第 26 行指定了三个计算周期。第 28 行调用 calRSI 方法计算三个周期的 RSI 值，并存入 stockDataFrame 对象，当前第 29 行的输出语句是注释掉的，在取消注释后，即可查看计算后的结果值，其中包含 upAvg6、downAvg6 和 RSI6 等列。

在得到 RSI 数据后，从第 31 行开始绘图，其中比较重要的步骤是第 32 行到第 34 行的程序代码，调用了 plot 方法绘制三根曲线，随后在第 35 行调用 legend 方法设置图例，执行第 37 行和第 38 行的程序代码设置 x 轴刻度的文字以及旋转效果，第 42 行的程序代码用于设置网格样式，第 43 的程序代码用于设置标题。

在第 46 行调用 show 方法绘图之前，执行第 45 行的程序代码调用 savefig 方法把图形保存到了指定目录。请注意这条程序语句需要放在 show 方法之前，否则保存的图片就会是空的。

运行这个范例程序之后，即可看到如图 13.5 所示的 RSI 效果图。需要说明的是，由于本范例程序在计算收盘价涨数与均值与收盘价跌数和均值时，用的是简单移动平均算法，因此绘制出来的图形可能和一些股票软件中的不一致，不过趋势是相同的。另外，在指定的目录中可以看到该 RSI 效果图以 png 格式存储的图片。

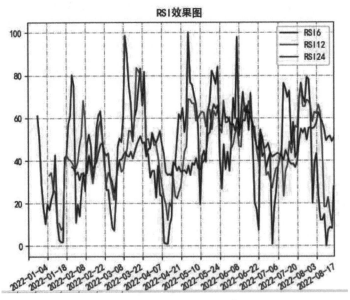

图 13.5　RSI 指标效果图

13.2.4　RSI 整合 K 线图后以电子邮件形式发送

在本节的 DrawKwithRSI.py 范例程序中将完成如下三个工作：

（1）计算 6 日、12 日和 24 日的 RSI 值。

（2）绘制 K 线、均线和 RSI 指标图，并把结果保存到 PNG 格式的图像文件中。

（3）发送电子邮件，并把 PNG 图片以富文本的格式显示在邮件正文中。

```python
DrawKwithRSI.py
1    # !/usr/bin/env python
2    # coding=utf-8
3    import pandas as pd
4    import matplotlib.pyplot as plt
5    from mpl_finance import candlestick2_ochl
6    from matplotlib.ticker import MultipleLocator
7    import smtplib
8    from email.mime.text import MIMEText
9    from email.mime.image import MIMEImage
10   from email.mime.multipart import MIMEMultipart
11   # 计算 RSI 的方法，输入参数 periodList 传入周期列表
12   def calRSI(df,periodList):
13   # 程序代码和 DrawRSI.py 范例程序中的程序代码一致，请参考本书提供下载的完整范例程序
```

第 3 行到第 10 行的程序语句导入了相关的库文件，第 12 行定义的 calRSI 方法和本章前面与 RSI 相关的各范例程序中的 calRSI 方法完全一致，故略去不再重复说明了。

```python
14   filename='./6008952022-01-012022-08-30.csv'
15   df = pd.read_csv(filename,encoding='gbk')
16   list = [6,12,24]            # 周期列表
17   # 调用方法计算 RSI
18   stockDataFrame = calRSI(df,list)
19   figure = plt.figure()
20   # 创建子图
21   (axPrice, axRSI) = figure.subplots(2, sharex=True)
22   # 调用方法，在 axPrice 子图中绘制 K 线图
23   candlestick2_ochl(ax = axPrice, opens=df["open"].values, closes=df
     ["close"].values, highs=df["high"].values, lows=df["low"].values,width=
     0.75, colorup='red', colordown='green')
24   axPrice.set_title("K 线图和均线图")    # 设置子图标题
25   stockDataFrame['close'].rolling(window=3).mean().plot(ax=axPrice, color
     ="red",label='3 日均线')
26   stockDataFrame['close'].rolling(window=5).mean().plot(ax=axPrice, color
     ="blue",label='5 日均线')
27   stockDataFrame['close'].rolling(window=10).mean().plot(ax=axPrice,
     color="green",label='10 日均线')
28   axPrice.legend(loc='best')        # 绘制图例
29   axPrice.set_ylabel("价格（单位：元）")
30   axPrice.grid(linestyle='-.')      # 带网格线
31   # 在 axRSI 子图中绘制 RSI 图形
32   stockDataFrame['RSI6'].plot(ax=axRSI,color="blue",label='RSI6')
33   stockDataFrame['RSI12'].plot(ax=axRSI,color="green",label='RSI12')
34   stockDataFrame['RSI24'].plot(ax=axRSI,color="purple",label='RSI24')
35   plt.legend(loc='best') # 绘制图例
```

```
36    plt.rcParams['font.sans-serif']=['SimHei']
37    axRSI.set_title("RSI 效果图")        # 设置子图的标题
38    axRSI.grid(linestyle='-.')           # 带网格线
39    # 设置 x 轴坐标的标签和旋转角度
40    major_index=stockDataFrame.index[stockDataFrame.index%7==0]
41    major_xtics=stockDataFrame['date'][stockDataFrame.index%7==0]
42    plt.xticks(major_index,major_xtics)
43    plt.setp(plt.gca().get_xticklabels(), rotation=30)
44    plt.savefig('./stockImg.png')
```

第 18 行通过调用 calRSI 方法得到了三个周期的 RSI 数据。第 21 行设置 axPrice 和 axRSI 这两个子图共享的 x 轴标签，第 23 行绘制了 K 线图，从第 25 行到第 27 行绘制了 3 日、5 日 和 10 日的均线，从第 32 行到第 34 行绘制了 6 日、12 日和 24 日的三根 RSI 指标图。第 44 行 通过调用 savefig 方法把包含 K 线、均线和 RSI 指标线的图形存储到指定目录中。

```
45    # 发送电子邮件
46    def sendMail(username,pwd,from_addr,to_addr,msg):
47    # 和之前 sendMailWithPicAttachment.py 范例程序中的一致，请参考本书提供下载的完整
      范例程序
48    def buildMail(HTMLContent,subject,showFrom,showTo,attachfolder,
      attachFileName):
49        message = MIMEMultipart()
50        body = MIMEText(HTMLContent, 'html', 'utf-8')
51        message.attach(body)
52        message['Subject'] = subject
53        message['From'] = showFrom
54        message['To'] = showTo
55        imageFile = MIMEImage(open(attachfolder+attachFileName, 'rb').read())
56        imageFile.add_header('Content-ID', attachFileName)
57        imageFile['Content-Disposition'] = 'attachment;filename="'+
          attachFileName+'"'
58        message.attach(imageFile)
59        return message
```

第 46 行定义的 sendMail 方法和本章之前各范例程序中的 sendMail 方法完全一致，故略去 不再重复说明了。本范例程序与本章之前范例程序的不同之处是，在第 48 行中专门定义了 buildMail 方法用来组装邮件对象，邮件的诸多元素由该方法的参数所定义。具体而言，在第 49 行中定义的邮件类型是 MIMEMultipart，也就是说对于带附件的邮件，在第 50 行和第 51 行中根据参数 HTMLContent 构建邮件的正文，第 52 行到第 54 行的程序语句设置邮件的相关 属性值，第 55 行到第 57 行的程序语句根据输入参数构建 MIMEImage 类型的图片类附件，第 58 行通过调用 attach 方法把附件并入邮件正文。

```
60    subject='RSI 效果图'
61    attachfolder='./'
62    attachFileName='stockImg.png'
63    HTMLContent = '<html><head></head><body>'\
64     '<img src="cid:'+attachFileName+'"/>'\
65     '</body></html>'
66    message = buildMail(HTMLContent,subject,'hsm_computer@163.com', 'hsm_
```

```
    computer@163.com',attachfolder,attachFileName)
67  sendMail('hsm_computer','xxx','hsm_computer@163.com', 'hsm_computer@163.
    com',message.as_string())
68  # 最后再绘制
69  plt.show()
```

第 60 行到第 66 行的程序语句设置邮件的相关属性值，第 66 行通过调用 buildMail 方法创建邮件对象 message，第 67 行通过调用 sendMail 方法发送电子邮件，最后在第 69 行通过 show 方法绘制图形。

本范例程序中的 3 个细节需要注意：

- 第 64 行 cid 的值需要和第 56 行的 Content-ID 值一致，否则图片只能以附件的形式发送，而无法在邮件正文内以富文本的格式显示。

- 先构建并发送电子邮件，再通过第 69 行的代码绘制图形，如果次序颠倒，先绘制图形后发送电子邮件的话，那么 show 方法被调用后程序会阻塞在这个位置，无法继续执行。要等到手动关掉由 show 方法弹出的窗口后，才会触发 sendMail 方法发送电子邮件。

- 在本范例程序的第 48 行，专门封装了用于构建邮件对象的 buildMail 方法，在该方法中通过参数动态地构建邮件，如此一来，如果要发送其他邮件，则可以调用该方法，从而可以提升代码的重用性。

运行这个范例程序之后，即可在弹出的窗口中看到 K 线、均线和 RSI 指标图整合后的效果图，而且可以在邮件的正文内看到相同的图，如图 13.6 所示。

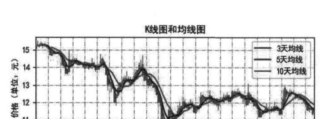

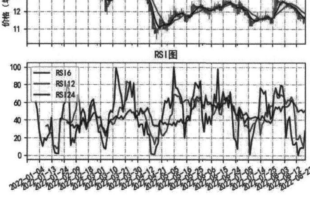

图 13.6　包含 K 线、均线和 RSI 指标图的邮件

13.3　以电子邮件的形式发送基于 RSI 指标的买卖点

本节讲述基于 RSI 指标的常用买卖交易策略，并通过 Python 程序实现并验证相关策略。本节给出的买卖点日期将通过电子邮件的形式发出。

13.3.1　RSI 指标对买卖点的指导意义

一般来说，6 日、12 日和 24 日的 RSI 指标分别称为短期、中期和长期指标。和 KDJ 指标一样，RSI 指标也有超买区和超卖区。

具体而言，当 RSI 值在 50~70 波动时，表示当前属于强势状态，如继续上升，超过 80 时，则进入超买区，极可能在短期内转升为跌。反之 RSI 值在 20~50 时，说明当前市场处于相对弱势，如下降到 20 以下，则进入超卖区，股价可能出现反弹。

在讲述 RSI 交易策略之前，先来讲述一下在实际操作中总结出来的 RSI 指标的缺陷。

（1）周期较短（比如 6 日）的 RSI 指标比较灵敏，但快速震荡的次数较多，可靠性相对差些，而周期较长（比如 24 日）的 RSI 指标可靠性强，但灵敏度不够，经常会出现"滞后"的情况。

（2）当数值在 40~60 波动时，往往参考价值不大，具体而言，当数值向上突破 50 临界点时，表示股价已转强，反之向下跌破 50 时则表示转弱。不过在实践过程中，经常会出现 RSI 跌破 50 后股价却不下跌，以及突破 50 后股价不涨。

综合 RSI 算法、相关理论以及缺陷，下面再来讲述一下实际操作中常用的基于该指标的买卖策略。

（1）RSI 短期指标（6 日）在 20 以下超卖区与中长期 RSI（12 日或 24 日）发生黄金交叉，即 6 日线上穿 12 日或 24 日线，则说明即将发生反弹行情，如果参照其他技术指标或政策面等方面没有太大问题的话，可以适当买进。

（2）反之，RSI 短期指标（6 日）在 80 以上超买区与中长期 RSI（12 日或 24 日）发生死亡交叉，即 6 日线下穿 12 日或 24 日线，则说明可能会出现高位反转的情况，如果没有其他利好消息等，可以考虑卖出。

13.3.2　基于 RSI 指标计算买点并以电子邮件的形式发出

根据 13.3.1 节的描述，本节采用的基于 RSI 的买点策略是，RSI 6 日线在 20 以下与中长期 RSI（12 日或 24 日）发生了黄金交叉。

在下面的 calRSIBuyPoints.py 范例程序中，据此策略计算 600895（张江高科）从 2022 年 1 月到 2022 年 8 月间的买点，并通过电子邮件发送买点日期。

---

calRSIBuyPoints.py

```python
1    #!/usr/bin/env python
2    #coding=utf-8
3    import pandas as pd
4    import smtplib
5    from email.mime.text import MIMEText
6    from email.mime.image import MIMEImage
7    from email.mime.multipart import MIMEMultipart
8    # 计算 RSI 的方法，输入参数 periodList 传入周期列表
9    def calRSI(df,periodList):
10   # 和 DrawRSI.py 范例程序中的一致，省略相关代码，请参考本书提供下载的完整范例程序
11       return df
12   filename='./6008952022-01-012022-08-30.csv'
13   df = pd.read_csv(filename,encoding='gbk')
14   list = [6,12,24]              # 周期列表
15   # 调用方法计算 RSI
16   stockDataFrame = calRSI(df,list)
```

第 3 行到第 7 行的程序通过 import 语句导入相关库，第 9 行定义的 calRSI 方法和本章之前各范例程序中的 calRSI 方法一致，故略去不再说明了。第 13 行通过读取 CSV 文件得到包括开盘价、收盘价、日期等的股票交易数据，第 16 行调用 calRSI 方法后，stockDataFrame 对象中除了包含从 CSV 文件中读取的股票数据外，还包含了 RSI6、RSI12 和 RSI24 的相关数据。

```python
17   cnt=0
18   buyDate=''
19   while cnt<=len(stockDataFrame)-1:
20       if(cnt>=30): # 前几天有误差，从第 30 天算起
21         try:
22             # 规则 1：这一天 RSI 6 的值低于 20
23             if stockDataFrame.iloc[cnt]['RSI6']<20:
24                 #规则 2.1：当天 RSI6 上穿 RSI12
25                 if  stockDataFrame.iloc[cnt]['RSI6']>stockDataFrame.
                     iloc[cnt]['RSI12'] and stockDataFrame.iloc[cnt-1]['RSI6']
                     <stockDataFrame. iloc[cnt-1]['RSI12']:
26                     buyDate = buyDate+stockDataFrame.iloc[cnt]['date'] + ','
27                     # 规则 2.2：当天 RSI6 上穿 RSI24
28                 if  stockDataFrame.iloc[cnt]['RSI6']>stockDataFrame.
                     iloc[cnt]['RSI24'] and stockDataFrame.iloc[cnt-1]['RSI6']
                     < stockDataFrame. iloc[cnt-1] ['RSI24']:
29                     buyDate = buyDate+stockDataFrame.iloc[cnt]['date'] + ','
30         except:
31             pass
32       cnt=cnt+1
33   print(buyDate)
```

在第 19 行的 while 循环中，按交易日逐天遍历了 stockDataFrame 对象，由于存在误差，因此过滤掉了前 30 个交易日的数据。

在第 23 行的 if 语句中，制定了第一个规则，即当天 RSI 6 的值小于 20，在满足这个条件的前提下，再尝试第 25 行和第 29 行的 if 条件。

在第 25 行中制定的过滤规则是当天 RSI 6 的值上穿 RSI 12 形成金叉，即当日 RSI 6 大于 RSI 12，前一个交易日 RSI 6 小于 RSI 12。在第 28 行制定的过滤规则是当日 RSI 6 上穿 RSI 24 形成金叉。注意，第 25 行和第 28 的 if 条件属于 "或" 的关系。

本轮次的 while 循环结束后，通过第 33 行的打印语句可以看到保存在 buyDate 对象中的买点日期。

```
34  def sendMail(username,pwd,from_addr,to_addr,msg):
35  # 和之前 DrawKwithRSI.py 范例程序中的一致，请参考本书提供下载的完整范例程序
36  def buildMail(HTMLContent,subject,showFrom,showTo,attachfolder,
    attachFileName):
37      # 和之前 DrawKwithRSI.py 范例程序中的一致，请参考本书提供下载的完整范例程序
38  subject='RSI 买点分析'
39  attachfolder='./'
40  attachFileName='stockImg.png'
41  HTMLContent = '<html><head></head><body>'\
42  '买点日期' + buyDate + \
43  '<img src="cid:'+attachFileName+'"/>'\
44  '</body></html>'
45  message = buildMail(HTMLContent,subject,'hsm_computer@163.com', 'hsm_
    computer@163.com',attachfolder,attachFileName)
46  sendMail('hsm_computer','xxx','hsm_computer@163.com', 'hsm_computer@163.
    com',message.as_string())
```

第 34 行中定义了封装发邮件功能的 sendMail 方法，第 36 行中定义了封装构建邮件功能的 buildMail 方法，这两个方法和本章前面各范例程序中的同名方法完全一致，因此不再重复说明。

第 41 行到第 44 行程序中的 HTMLContent 对象里定义了邮件的正文，其中通过第 42 行的程序代码在正文内引入了买点日期，在第 43 行引入了这个时间范围内的 K 线、均线和 RSI 指标图。最后通过第 46 行的程序代码调用 sendMail 方法发送电子邮件。

运行这个范例程序之后，即可收到如图 13.7 所示的邮件，在其中就能看到买点日期和指标图。

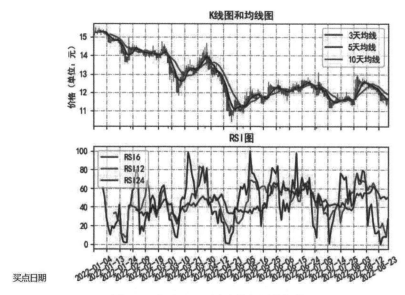

图 13.7 包含 RSI 买点和指标图的邮件

从执行结果可知,并没有得到基于 RSI 指标的建议买点,不过从 RSI 和 K 线等指标图上,倒也能印证这一结果。

13.3.3 基于 RSI 指标计算卖点并以电子邮件的形式发出

在下面基于 RSI 指标计算卖点的 calRSISellPoints.py 范例程序中,采用的策略是,RSI 6 日线在 80 以上与中长期 RSI(12 日或 24 日)发生死叉,用于分析的股票依然是 600895(张江高科),时间段依然是 2022 年 1 月到 2022 年 8 月之间,计算出的卖点日期也是通过电子邮件发送。

```
calRSISellPoints.py
1   # !/usr/bin/env python
2   # coding=utf-8
3   import pandas as pd
4   import smtplib
5   from email.mime.text import MIMEText
6   from email.mime.image import MIMEImage
7   from email.mime.multipart import MIMEMultipart
8   # 计算 RSI 的方法,输入参数 periodList 传入周期列表
9   def calRSI(df,periodList):
10     # 和 DrawRSI.py 范例程序中的一致,省略相关代码,请参考本书提供下载的完整范例程序
11  filename='./6008952022-01-012022-08-30.csv'
12  df = pd.read_csv(filename,encoding='gbk')
13  list = [6,12,24]        # 周期列表
14  # 调用方法计算 RSI
15  stockDataFrame = calRSI(df,list)
```

在第 15 行中通过调用 calRSI 方法计算 RSI 指标值,这部分程序代码和 13.3.2 节的 calRSIBuyPoints.py 范例程序中的相关代码非常相似,故而不再重复说明了。

```
16  cnt=0
17  sellDate=''
18  while cnt<=len(stockDataFrame)-1:
19      if(cnt>=30):        # 前几天有误差，从第 30 天算起
20          try:
21              # 规则 1：这天 RSI6 高于 80
22              if stockDataFrame.iloc[cnt]['RSI6']<80:
23                  # 规则 2.1：当天 RSI6 下穿 RSI12
24                  if stockDataFrame.iloc[cnt]['RSI6']<stockDataFrame. iloc
                    [cnt] ['RSI12'] and stockDataFrame.iloc [cnt-1]['RSI6']>
                    stockDataFrame.iloc[cnt-1] ['RSI12']:
25                      sellDate=sellDate+stockDataFrame.iloc[cnt]['date']+','
26                  # 规则 2.2：当天 RSI6 下穿 RSI24
27                  if stockDataFrame.iloc[cnt]['RSI6']<stockDataFrame.iloc
                    [cnt]['RSI24'] and stockDataFrame.iloc[cnt-1] ['RSI6']>
                    stockDataFrame.iloc[cnt-1] ['RSI24']:
28                      if sellDate.index(stockDataFrame.iloc[cnt]['date'])==-1:
29                          sellDate=sellDate+stockDataFrame.iloc[cnt]['date']+','
30          except:
31              pass
32      cnt=cnt+1
33  print(sellDate)
```

在第 18 行到第 32 行的 while 循环计算了基于 RSI 的卖点，第 22 行的程序制定了第一个规则：RSI 6 数值大于 80。第 23 行和第 27 行的程序在规则 1 的基础上制定了两个并行的子规则。通过这些程序代码，在 sellDate 对象中存储了 RSI 6 大于 80 并且 RSI 6 下穿 RSI 12（或 RSI24）的那个交易日，这些交易日即为卖点。

```
34  def sendMail(username,pwd,from_addr,to_addr,msg):
35  # 和之前 calRSIBuyPoints.py 范例程序中的完全一致，请参考本书提供下载的完整范例程序
36  def buildMail(HTMLContent,subject,showFrom,showTo,attachfolder,
    attachFileName):
37  # 和之前 calRSIBuyPoints.py 范例程序中的完全一致，请参考本书提供下载的完整范例程序
38  subject='RSI 卖点分析'
39  attachfolder='./'
40  attachFileName='stockImg.png'
41  HTMLContent = '<html><head></head><body>'\
42   '卖点日期' + sellDate + \
43   '<img src="cid:'+attachFileName+'"/>'\
44   '</body></html>'
45  message = buildMail(HTMLContent,subject,'hsm_computer@163.com', 'hsm_
    computer@163.com',attachfolder,attachFileName)
46  sendMail('hsm_computer','xxx','hsm_computer@163.com', 'hsm_computer@
    163.com',message.as_string())
```

第 34 行和第 36 行中的两个用于发送电子邮件和构建邮件的方法与本章前面的各范例程序中同名的方法完全一致，故略去不再额外说明了。

第 38 行中定义的邮件标题是"RSI 卖点分析"，第 41 行定义的描述正文的 HTMLContent 对象中存放的也是"卖点日期"，最终在第 46 行调用 sendMail 方法通过电子邮件发送出去。

运行这个范例程序之后，即可看到如图 13.8 所示的邮件，其中包括了卖点日期和指标图。本范例程序计算得出的卖点日期比较多，经分析这些日期之后，股价多有下跌的情况。

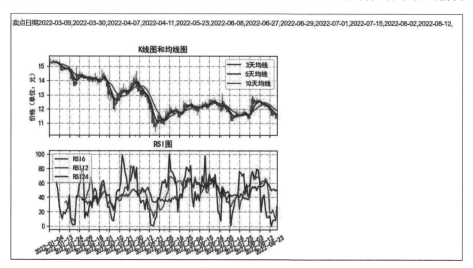

图 13.8　包含 RSI 卖点和指标图的邮件

13.4　动手练习

请自行实操本章的范例程序，并验证实际效果。